Training

Im Alltag

Inhalt

SPEZIAL

Wenn er bloß kommen würde! Ein guter Rückruf ist sehr wichtig, aber nicht das einzige Mittel zum Erfolg.

SPEZIAL

Auch unter Hunden gibt es „Höflichkeits-regeln". Allerdings setzt die nicht jeder „Rowdy" um.

Mein Hund
hört!

Wer kann das schon von seinem Hund sagen? Selbst bei einem gut erzogenen Hund muss man bei genauerem Überlegen oft zugeben: „Er kommt – aber nur, wenn er gerade Lust dazu hat!" Die vielen spannenden Gerüche oder die anderen spielenden Hunde sind eine viel zu große Ablenkung für die meisten Hunde und das Rufen von Herrchen oder Frauchen wird dann schnell überhört.

Dabei muss es gar nicht sein, dass der eigene Hund nur hört, wenn er nicht abgelenkt ist. Mit der richtigen Basis kann er lernen, freudig zurückzukommen, sich gerne bei seinen Menschen hinzulegen oder eine vermeintliche Beute wieder abzugeben. Damit wird Ihr Hund zu einem angenehmen Begleiter, mit dem Sie jede Menge Spaß haben. Ein gut erzogener Hund macht einfach viel mehr Freude. Beginnen Sie damit, kleine Übungen in den Alltag einzubauen. Alles, was Sie umsetzen, bringt Sie weiter. Wenn Ihr Hund die Hunde-Grundschule erfolgreich abgeschlossen hat, können Sie wirklich sagen: „Mein Hund hört!" Sie werden sehen, das Training wird Ihnen und Ihrem Hund viel Spaß machen.

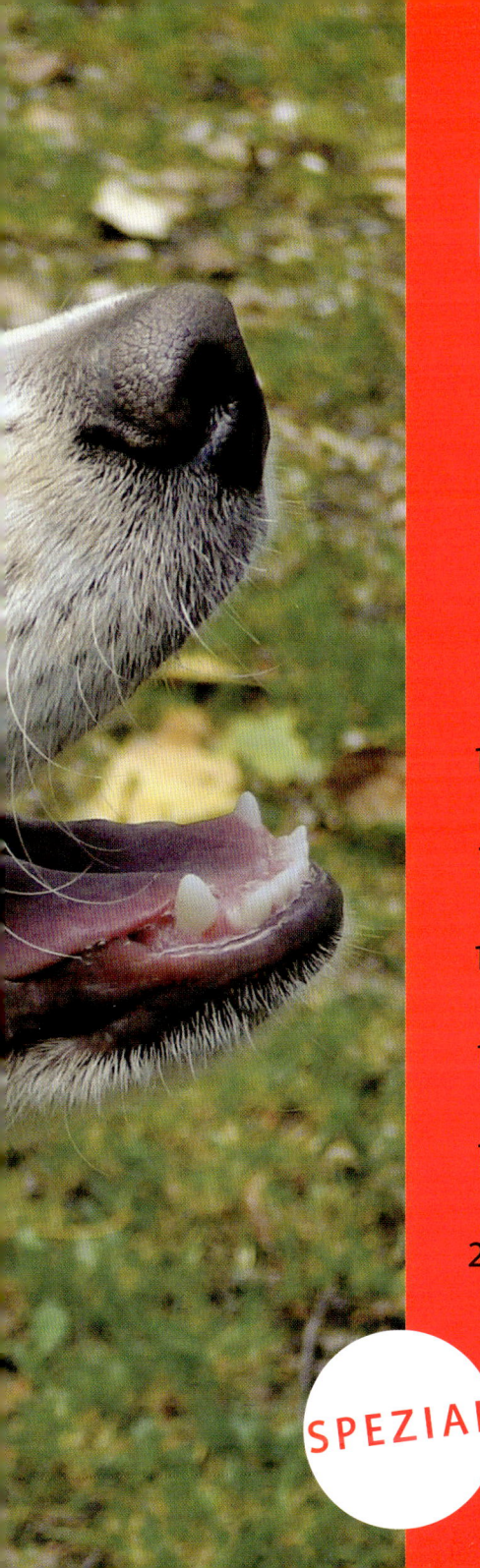

Die
Basis

SPEZIAL

Trainingsgrundsätze

Die Bereitschaft des Hundes, mit seinem Menschen etwas zusammen zu machen, muss unbedingt gepflegt und gefördert werden.

Zuverlässigkeit

Es ist wichtig, dass ein Hund seinen menschlichen Partner zuverlässig einschätzen kann, und dass dieser entspannt und freundlich mit ihm umgeht. Launische „Ausbrüche", Strafmaßnahmen und ein ständiges Wechseln von Trainingsmethoden verunsichern den Hund. Er beginnt häufig Abstand zu halten und den Blick abzuwenden, was in der Hundesprache eine beschwichtigende Bedeutung hat. Aber Menschen interpretieren solch ein Verhalten gerne als Sturheit und werden ungeduldig. Der Hund merkt die schlechte Stimmung und steigert seine Beschwichtigungsversuche. Er hält erst recht Abstand und hopst vielleicht spielerisch herum, um die Situation zu entspannen. Aber auf den Menschen wirkt das noch aufsässiger und er reagiert genervt und ärgerlich. Der Hund entwickelt Stress und nun klappt gar nichts mehr, denn Stress wirkt sich hemmend auf das Denken aus. Schließlich fällt auch uns Menschen das Lernen schwer, wenn ein ungeduldiger Lehrer neben uns steht oder jemand auf uns einschimpft. Dieses Stressphänomen funktioniert bei Hunden nach dem gleichen Prinzip wie beim Menschen.

Anforderungen

Wenn Sie die Trainingsanforderungen zu schnell steigern, kann das zu Überforderung führen. Es ist für den Hund frustrierend, wenn er schon wieder nicht verstanden hat, was Sie von ihm möchten. Irgendwann kann er sogar aufgeben, was bei Ihnen dann vielleicht den Eindruck erweckt, er wolle nicht mehr. Machen Sie Ihrem Hund die Lernschritte so einfach, dass er viele Erfolgserlebnisse hat. Nur dann wird er gerne lernen und immer sicherer das Erlernte zeigen.

Trainingsprinzip

1. Schaffen Sie Situationen mit einer hohen Wahrscheinlichkeit, dass Ihr Hund die gewünschte Übung ausführen wird und belohnen Sie ihn jedes Mal.

2. Wiederholen Sie die Übung in vielen einzelnen Trainingseinheiten so lange, bis Ihr Hund in der Ausführung Sicherheit gewinnt.

3. Zur Verallgemeinerung des Gelernten müssen Sie an verschiedensten Orten ohne Ablenkung üben.

4. Steigern Sie die Ablenkungen, sofern Ihr Hund motivierbar und zu konzentrieren ist.

5. Anstatt Belohnungen gibt es immer häufiger nur Lob.

▶ **Als Mensch** muss man sich von seinem eigenen Sprachverständnis trennen. Es geht nicht darum, dem Hund einmal zu erklären, was er zu tun hat und dann wird er es schon machen. Sondern der Hund muss mühselig ein bestimmtes Signal in Zusammenhang mit einem bestimmten Verhalten bringen und es auch noch auf verschiedenste Situationen übertragen. Und all das gegen viele seiner eigenen Bedürfnisse, zum Beispiel einem Spiel mit einem anderen Hund.

Dieser Hund ist mit voller Konzentration bei der Sache.

Mit Plan

Gehen Sie an das Training mit Ihrem Hund systematisch heran. Überlegen Sie sich zuerst, was Sie ihm überhaupt beibringen möchten und wie gut er es beherrschen soll. Man braucht seinem Hund nichts beizubringen, was man nicht benötigt, obwohl natürlich jegliches Lernen für den Hund eine wertvolle Beschäftigung darstellt und das reibungslose Zusammenspiel zwischen Mensch und Hund fördert.

▶ **Des Weiteren ist zu überlegen,** womit sich Ihr Hund gut belohnen lassen wird. Was nimmt er gerne und was ist extra toll? Wählen

SMART

**Bestrafen:
Nein Danke!**

> **Ein Hund** kann sich für alles Mögliche begeistern. Seinen Hund mit Strafen zu erziehen, kann einen „braven" Hund ergeben, weil er sich nicht mehr traut, er selbst zu sein. Oder er entwickelt durch die Unterdrückung seiner Bedürfnisse und dem daraus resultierenden Stress Verhaltensprobleme.

> **Gutes Hundetraining** erreicht, dass der Hund selber das Gewünschte tun möchte. Er wird zuverlässig.

Sie auch einen Trainingsort, an dem Ihr Hund und Sie am meisten Ruhe für das Erlernen eines neuen Signals haben und Ihr Hund nicht abgelenkt ist.
Bevor Sie Ihren Hund zum Üben auffordern, passen Sie einen Moment ab, in dem er wach und aufnahmefähig ist. Wenn Sie ihn vollgefressen aus dem Tiefschlaf holen, wird er vermutlich nicht so leicht zu motivieren sein. Auch Sie selber sollten möglichst ausgeglichen sein, um Fehlschläge geduldig zu meistern. Haben Ihr Hund und Sie Spaß am Lernen, werden Sie die besten Ergebnisse erzielen. ●

HIER

▸ Ein gut funktionierender Rückruf gibt einem Hund Lebensqualität, weil er dann in dafür geeigneten Gegenden ohne Leine laufen kann. Dieses Kommando sollte mit jedem Hund von Anfang an trainiert werden.

▸ Ziel: Der Hund läuft beim Ertönen des Lautes HIER sofort zu seinem Besitzer. Das zuverlässige Befolgen muss bei besonderen Ablenkungen, beispielsweise die Anwesenheit anderer Hunde, gezielt geübt werden.

Leinenführigkeit

▸ Leichte Leinenführigkeit schont die Gelenke und die Nerven von Hund und Halter. Unangenehme Empfindungen und Schmerzen auslösende „Hilfsmittel" sind abzulehnen. Die Verwendung von bequem sitzenden Halsbändern, Kopfhalftern oder Brustgeschirren erfüllt bestens ihren Zweck.

▸ Ziel: Der Hund läuft an der Leine, ohne zu ziehen. Wenn die Leine sich spannt, gibt der Hund selbstständig nach. Das Kommando ist die am Halsband befestigte und vom Halter gehaltene Leine. Ein zusätzliches Wort ist nicht notwendig.

FUSS

▸ Unter FUSS-Gehen versteht man im Allgemeinen das Laufen des Hundes an der linken Seite des Halters. Für unseren Straßenverkehr bietet sich eher die rechte Seite an. Praktisch ist solch ein Kommando beispielsweise für das Vorbeigehen an Passanten.

▸ Ziel: Der Hund läuft ab dem Signal FUSS seitlich auf der Höhe des Halters. Als Sichtzeichen kann man den abgewinkelt gehaltenen Arm leicht aufbauen. Die Seite darf nicht gewechselt werden. Die zweite Seite kann mit einem separaten Signal trainiert werden.

SITZ

▸ Manche Hunde lassen sich unter starker Ablenkung besser stoppen als rufen, wofür sich SITZ gut eignet. Auch ein kurzfristiges Stoppen etwa bei vorbeikommenden Fahrradfahrern oder einem kleinen Schwätzchen mit Spaziergängern ist sehr praktisch.

▸ Ziel: Der Hund setzt sich an der Stelle hin, an der er ist, wenn der Laut SITZ ertönt. Der erhobene Zeigefinger lässt sich sehr gut als Sichtzeichen verwenden, sofern man diese Geste sonst nicht benutzt.

PLATZ

▶ Bei längerem Warten oder beispielsweise im Restaurant kann die PLATZ-Position sinnvoller sein. Vor allem große Hunde fallen liegend weniger auf. Außerdem gibt es Hunde, die sich mit einem PLATZ leichter stoppen lassen als mit einem SITZ .

▶ Ziel: Der Hund legt sich auf Signal dort hin, wo er gerade ist. Die nach unten zeigende Hand ist ein sinnvolles Sichtzeichen. Beachten Sie, dass SITZ und PLATZ sich sehr ähnlich anhören. Sagen Sie „Plaaatz" oder nehmen Sie ein anderes Wort, wie zum Beispiel LEG DICH.

STEH

▶ Ein STEH lässt sich genauso verwenden, wie SITZ. Lediglich die Versuchung, aus dieser Position weiter zu gehen, ist für die Hunde stärker. Aber bei schlechtem Wetter oder bei Gelenkproblemen des Hundes ist es enorm praktisch.

▶ Ziel: Der Hund bleibt ohne weitere Pfotenbewegungen auf das Signal STEH hin stehen oder stellt sich hin. Als Sichtzeichen bietet sich die horizontal gehaltene, aber mit der Handfläche nach vorne gerichtete Hand an.

GIB

▶ Seinem Hund etwas abnehmen zu können, ist sehr wichtig. Es kann immer mal möglich sein, dass der Hund etwas ins Maul nimmt, was er nicht haben soll oder was man wieder haben möchte. Auch für gemeinsame Spiele mit Spielzeug ist ein solches Signal unerlässlich.

▶ Ziel: Der Hund lässt sofort alles aus dem Maul fallen, wenn das Signal ertönt. Unabhängig davon, ob Sie den betreffenden Gegenstand festhalten oder Ihr Hund ihn alleine hält. Für Ihren Hund soll es bedeuten: „Lass aus deinem Maul fallen, was immer du darin hast."

NO

▶ Genauso sinnvoll ist ein Signal, mit dem man seinen Hund von einem Vorhaben abbringen kann, beispielsweise das Aufnehmen von etwas Fressbarem. Wenden Sie es aber nur sparsam an, damit es auf der einen Seite seinen Effekt behält und auf der anderen Seite nicht zu frustrierend wirkt.

▶ Ziel: Der Hund bricht beim Ertönen des Signals sein Vorhaben ab. Wählen Sie als Signal ein Wort, dass im allgemeinen Sprachgebrauch eher nicht vorkommt. Auch ein bestimmtes Geräusch ist sehr gut geeignet.

Faktor Mensch

Die Ausstrahlung eines Menschen hat einen großen Einfluss auf Hunde. Es gibt Leute, die auf Hunde einfach souverän und zielstrebig wirken. Häufig sind das sogar Personen, die sich gar nicht so viele Gedanken darüber machen, ob der Hund ihnen gehorcht. Sie sind sich einfach sicher, dass der Hund ihnen folgen wird. Diese Zuversicht und Klarheit spürt der Hund und es klappt tatsächlich besser als bei unsicheren, zweifelnden Menschen.

Zu viel oder zu wenig

Es gibt zwei Extreme. Die einen kümmern sich zu wenig um ihren Hund, die anderen zu viel. Ein Zuwenig ist schlecht, aber ein Zuviel kann auch Stress für den Hund bedeuten. Nämlich dann, wenn er unter Dauerbeobachtung steht und sich alles Tun und Denken um den Hund dreht, um ihm mögliche Wünsche zu erfüllen. Der beste Weg liegt, wie so häufig, in der Mitte.

▸ **Beobachten** Sie zu Hause Ihren Hund, was er von Ihnen hält. Kommt er entspannt mit freundlich unterwürfigem Verhalten zu Ihnen? Dann ist alles bestens und Sie brauchen nichts zu ändern. Oder benimmt er sich wie „King Louie", der das Recht hat, sich von Ihnen seine Wünsche erfüllen zu lassen?

▸ **Das ist nämlich sehr häufig** der Fall. Man lebt schließlich mit einem Hund zusammen, weil man Freude daran hat und kümmert sich gerne um ihn. Für den Hund kann aber schnell ein unbeabsichtigtes Bild entstehen. Alles, was ihm wichtig ist, wie Streicheln, Spielen, Leckerchen und Spazierengehen, bekommt er quasi von alleine. Mehr noch! Als Mensch findet man es sogar gut, wenn der Hund einem verständlich machen kann, was er will. Aber wenn der Hund drinnen seinem Besitzer sagen kann, was, wann und wie er etwas will, warum sollte er sich dann draußen plötzlich um die Wünsche seines Menschen kümmern?

Rollentausch

Drehen Sie den Spieß um: Lassen Sie Ihren Hund „abblitzen", wenn er etwas von Ihnen fordert. Sehen Sie ihn nicht an, sprechen und fassen Sie ihn nicht an, denken Sie nicht einmal an ihn. Übersehen Sie ihn ganz einfach. Sie haben in dem Moment keinen Hund.
Auf der anderen Seite rufen Sie Ihren Hund zu sich, wenn er gerade Langeweile hat, und machen Sie etwas

Bei den beiden stimmt die Beziehung.

Schönes mit ihm. Besonders günstig sind Momente, in denen Ihr Hund sich gerade ruhig verhält, denn dann belohnen Sie ihn mit Ihrer Aufmerksamkeit für das Artigsein.

▸ **Kümmert Ihr Hund** sich häufg nicht um Sie oder lässt er Sie oft mittendrin stehen, wissen Sie, dass Handlungsbedarf besteht. Achten Sie von nun an konsequent darauf, dass Sie sagen, wann die guten Dinge des Lebens zu bekommen sind. Ignorieren Sie Ihren Hund im Zweifelsfalle für einen längeren Zeitraum oder sogar

Sicher sein

❯ **Mit der Zeit** wird Ihr Hund „höflicher" fragen, ob Sie sich um ihn kümmern, was Sie dann auch tun dürfen. Achten Sie aber darauf, nicht in alte Gewohnheiten zurück zu fallen und sich nicht ständig um Ihren Hund zu bemühen. Lassen Sie ihn sich auch mal unbeobachtet fühlen. Versuchen Sie insgesamt sicher und ruhig zu wirken und zu sein. Hunde folgen lieber jemandem, der entspannt im Auge behält, was er will.

Menschen lieben Umarmungen, aber der Hund fühlt sich unwohl.

bis zum nächsten Tag. Und beenden Sie beim nächsten Mal freundlich den Kontakt, bevor es Ihr Hund tut. Insgesamt geht es nicht darum, weniger mit Ihrem Hund zu machen oder ihn andauernd zu ignorieren. Es geht nur darum, dass Sie die Regeln bestimmen und nicht Ihr Hund. ●

Richtig belohnen

Dass ein Hund gelobt werden soll, wenn er kommt, ist weitestgehend bekannt. Allerdings sollte man sich bewusst mit der Frage auseinandersetzen, was eigentlich eine Belohnung ist. Denn nur, weil man den Hund loben und belohnen möchte, heißt das nicht, dass der Hund sich auch belohnt fühlt. Versuchen Sie niemals, Ihrem Hund eine Belohnung aufzudrängen, es ist dann keine mehr. Auch wird das Angebotene dadurch immer uninteressanter oder gar abstoßend.

Hundeglück

Grundsätzlich ist alles eine Belohnung, was der Hund gerne haben oder tun möchte. Möchte Ihr Hund Streicheleinheiten, ist es eine Belohnung. Ist er gerade in Spiellaune, wird er von einem Kuschelangebot eher genervt sein. Vor allem draußen sind die meisten Hunde in aktiver Stimmung und haben daher für Streicheleinheiten nicht so viel übrig. ▸ Versuchen Sie zu erkennen, woran Ihr Hund Freude haben könnte und setzen Sie es gezielt ein. Läuft Ihr Hund ein wenig albern durch die Gegend und scheint ihm der Sinn nach Bewegung zu stehen? Dann wäre ein gemeinsames Spiel in dem Moment eine geeignete Belohnung. Oder wartet Ihr Hund gerade ungeduldig darauf, endlich von der Leine gelassen zu werden? Fordern Sie eine Übung von Ihrem Hund, die er bereits gut beherrscht (auf Schwieriges kann er sich in dem Moment nicht konzentrieren) und entlassen Sie ihn zur Belohnung mit einem Auflösesignal, wie beispielsweise „Lauf" und einer aufmunternden Geste in die ersehnte Freiheit. Nachdem Sie zu Ihrem Hund „Lauf" gesagt haben, kümmern Sie sich einfach nicht mehr um ihn. Mit der Zeit wird er feststellen, dass dieses Signal das Ende einer Übung und damit Pause bedeutet. ▸ Im fortgeschrittenen Training kann auch das Absolvieren einer Lieblingsübung eine Belohnung sein. Das muss aber wirklich eine Übung sein, die Ihrem Hund extrem viel Freude bereitet. Lässt man einen Hund immer nach dem Kommen Sitz machen, ist das für viele Hunde langweilig und sie trödeln deshalb. Bessere Ergebnisse bekommt man mit richtigen Belohnungen und Abwechslung. Dann macht Ihr Hund auch gerne mal SITZ.

Einsatz von Belohnungen

Das Locken mit einer in Aussicht gestellten „Belohnung" ist für erste Trainingsschritte in Ordnung.

Im weiteren Training sollte der Hund die Belohnung erst dann wahrnehmen und bekommen, wenn er eine Reaktion gezeigt hat.

Ihr Hund kann nur eine Verbindung mit der gewünschten Handlung herstellen, wenn die Belohnung circa eine Sekunde darauf erfolgt.

Hat ein Hund so viel Spaß, dann fühlt er sich belohnt.

Lob allein?

Aber kann man den Hund denn nicht einfach loben, reicht das nicht? Dafür muss man sich einiges klar machen. Hunde haben kein Sprachverständnis, sie müssen mühevoll den Zusammenhang zwischen gesprochenen Lauten und einer Bedeutung erlernen.

Bei Hunden, die über das veraltete Lob-&-Strafe-Prinzip erzogen werden, bekommen lobende Worte die Bedeutung, dass keine Bestrafung erfolgt. Dies ist natürlich eine Erleichterung, wenn unter der Sorge wegen einer möglichen Bestrafung klar wird, dass in diesem Moment nichts passiert. Ansonsten bedeuten freundliche Worte eine nette Aufmerksamkeit für den Hund und können dadurch verstärkend wirken. Nicht mehr und nicht weniger.

Mehr Bedeutung bekommt Ihr Lobwort, wenn Sie es immer dann sagen, wenn Ihr Hund sich sowieso gerade freut. Eine noch bessere Verknüpfung bekommen Sie, wenn Sie es als Ankündigung eine Sekunde vor dem sicher eintretenden Begeisterungssturm Ihres Hundes sagen. So wird Ihr Lobwort mit der freudigen Emotion verbunden. ●

SMART

Begeisterungssturm

› **Wenn Sie begeistert** quietschend Ihren Hund loben, wird er mittels Stimmungsübertragung in eine freudige Erregung versetzt. Alle freuen sich zusammen! Aber passen Sie auf, dass Ihr Hund dabei nicht zu aufgeregt und zu ungestüm oder gar grob wird! Vermeiden Sie Kampfspiele besser ganz. Testen Sie im Zweifelsfalle, ob Ihr Hund noch „ansprechbar" ist und auf Ihre Signale reagiert.

Futter

Die einfachste Form der Belohnung ist Futter. Etwas Fressbares hat für Hunde grundsätzlich einen Belohnungseffekt, denn Fressen ist lebensnotwendig. Daher eignet sich Futter für jeden Hund als Belohnung. Auch für den Besitzer ist der Einsatz von Futterbelohnungen besonders leicht.

Um durch das Arbeiten mit Leckerchen weder der Figur des Hundes noch seiner Gesundheit zu schaden, sollte in erster Linie an das normale Hundefutter gedacht werden. Man misst sich morgens die Hundefutterration für seinen Hund ab. Tagsüber erarbeitet sich Ihr Hund beim Training das Futter und bekommt abends als Mahlzeit einen möglichen Rest. Wenn Sie eine Futtersorte als Leckerchen und eine andere für die Restmenge zum Füttern nehmen, wird es für den Hund nicht so schnell langweilig. Zusätzliche Attraktivität bieten zum Beispiel Käsewürfel, die Sie unter das zu erarbeitende Futter mischen, sodass es den Geruch der „Super-Leckerchen" annimmt. Die Käsewürfel stehen Ihnen dann für den Einsatz bei besonderen Leistungen Ihres Hundes zur Verfügung. Eine weitere Möglichkeit besteht darin, zusätzliche Leckerchen mitzunehmen, sodass der Hund nie weiß, was er wohl bekommen wird.

Selbst gemacht

Wenn Sie selber für Ihren Hund kochen, können Sie das Futter pürieren und in eine wieder befüllbare Tube aus dem Outdoor-Bedarf füllen. Von der Tube kann Ihr

Eine Belohnung gibt es nur nach Ihren Regeln!

Hund zur Belohnung jeweils ein bisschen ablecken.

▸ **In Würfelform** oder feine Streifen gebracht, können Sie sich auch selbst Leckerchen zusammenstellen. Das können gekochtes Fleisch, al dente gekochte Nudeln, Möhren oder altes Brot sein. Achten Sie aber unbedingt auf die Verderblichkeit von Frischprodukten. Besonders im Sommer können Lebensmittel schnell schlecht werden. Auch Trockenfutter neigt bei großer Hitze schneller zu Schimmelbefall.

▸ **Die verschiedene** Wertigkeit der einzelnen Futterbelohnungen können Sie gezielt verwenden. Für einfache Leistungen gibt es normale Leckerchen, für besondere gibt es „Super-Leckerchen".

Für ein Leckerchen strengt sich ein Hund gerne an.

SMART

Abwechslung

› **Wechseln Sie** die Leckerchen häufig, damit Ihr Hund sich nicht zu sehr an eine Sorte gewöhnt und sie dadurch unattraktiver wird oder Ihr Hund sie gar nicht mehr möchte. Frühzeitig pausiert, können Sie eine Sorte immer wieder verwenden, ohne dass Ihr Hund derer überdrüssig wird.

Für ganz besondere Leistungen sollten Sie einen „Jackpot" für Ihren Hund parat haben. Das kann beispielsweise eine kleine Portion Leckerchen sein oder Ihr Hund darf einmal seine Nase in die Leckerchentüte stecken und sich etwas nehmen. Oder Sie haben die ultimativen Lieblingsleckerchen dabei. Besondere Leistungen sind es, wenn Ihr Hund trotz für ihn starker Ablenkung das Gewünschte getan, einen neuen Schritt verstanden oder ausnehmend prompt reagiert hat. Gerade den Ablenkungsgrad müssen Sie immer berücksichtigen. So kann Ihr Hund zu Hause SITZ vielleicht so gut, dass Sie bereits die Belohnungen eingestellt haben. Aber draußen brauchen Sie bei starker Ablenkung vielleicht sogar doch noch ein Lock-Leckerchen. ●

Spielzeug

Ein geliebtes Spielzeug ist eine prima Belohnungsmöglichkeit. Es kann das Training interessanter gestalten und den Hund zu besonderen Leistungen anspornen.

Mein Lieblingsspielzeug

Das Spielzeug muss natürlich dem Geschmack Ihres Hundes entsprechen, aber achten Sie darauf, dass auch Sie dieses Spielzeug gut handhaben können. Am besten sind Spielzeuge mit einer Schnur geeignet. Denn es geht nicht darum, dass Ihr Hund mit seinem Spielzeug abhaut und alleine Spaß hat, sondern Sie leiten das Spiel.
▸ **Damit das** gemeinsame Spiel Ihrem Hund Spaß macht, müssen Sie aktiv werden. Lassen Sie das Spielzeug von Ihrem Hund weg über den Boden hopsen, plötzliche Richtungswechsel

Ein Spielzeug kann erst dann sinnvoll als Belohnung eingesetzt werden, wenn der Hund es problemlos abgibt.

machen, um es endlich von Ihrem Hund erwischen zu lassen. Auch Zerrspiele sind in Maßen völlig in Ordnung.
▸ **Damit ein** Spielzeug interessant bleibt, beenden Sie das Spiel freundlich immer nach dem alten Sprichwort: „Aufhören, wenn es am schönsten ist." Spielen Sie immer solange, bis Ihr Hund keine Lust mehr hat, verliert das Spiel ungemein an Reiz. Aber wenn er sich nie sicher sein kann, wann es wohl beendet wird, steigert das die Spannung. Der Belohnungseffekt eines Spielzeugs ist natürlich nur dann gegeben, wenn Sie bestimmen, wann Ihr Hund das Spielzeug bekommt. Kann Ihr Hund es ständig bei Ihnen einfordern, vermindert es den Effekt.

Der Spielleiter

Zu jedem Spiel gehören Spielregeln, denn Sie müssen Herr der Lage bleiben können. Gibt Ihr Hund Spielzeuge nicht ab, müssen Sie zunächst GIB zuverlässig einüben. Tendiert Ihr Hund dazu, vor Ihnen mit dem Spielzeug wegzulaufen, lassen Sie die Schnur des Spielzeugs nicht los. Lassen Sie zwischendurch Ihren Hund das Spielzeug abgeben und spielen zur Belohnung sofort mit ihm weiter, aber natürlich nur, wenn das Interesse Ihres Hundes so lange anhält. Im fortschreitenden Training verlangen Sie Ihrem Hund zwischendurch kleine Übungen ab. Auch dann geht auf Signal das Spiel zur Belohnung weiter.

▸ Achten Sie generell darauf, dass Ihr Hund zwar Spaß am Spiel hat, sich aber nicht in eine übermäßige Erregung hineinsteigert. Das erkennen Sie daran, dass Sie Ihren

Behalten Sie immer die Kontrolle über das Spiel.

Vorsicht

> **Jedes Spielzeug** spricht das Beuteverhalten des Hundes an. Quietschspielzeuge tun das durch die Geräusche übermäßig. Viele Hunde steigern sich stark in das Beuteverhalten hinein und können auch auf ähnliche Geräusche immer massiver reagieren. Auch wenn Ihr Hund nur genießerisch mit Quietschies umgeht, verwenden Sie sie aus Rücksicht auf andere Hunde bitte nicht draußen.

Hund noch über Signale erreichen können. Wenn er praktisch nicht mehr reagiert und nur noch auf sein Spielzeug fixiert ist, ist er zu erregt. Auch die Intensität, mit der Ihr Hund nach dem Spielzeug greift oder daran zieht, bietet wichtige Hinweise. Wird Ihr Hund zu grob oder tut er Ihnen sogar weh, ist er zu erregt. Beenden Sie in solchen Fällen das Spiel und achten Sie beim nächsten Mal darauf, das Spiel freundlich zu beenden, bevor Ihr Hund zu aufgeputscht ist und außer Kontrolle gerät. Denn das Spiel soll Entspannung und Spaß sein. ●

Belohnungen annehmen

Beim Annehmen von Belohnungen gibt es zweierlei Hauptprobleme: zum einen Hunde, die sich schlecht belohnen lassen, zum anderen die, die sich beim Belohnen schlecht benehmen. Haben Sie einen Hund der zweiten Kategorie, ist Konsequenz gefragt. Geben Sie Ihrem Hund seine Belohnung nur, wenn er sich benimmt. Dass heißt, wenn Ihr Hund springt oder anderweitig drängelt, halten Sie seine Belohnung in der verschlossenen Hand fest an Ihren Körper. Sagen Sie nichts, sondern warten Sie bis er zumindest alle vier Pfoten auf der Erde hat. In dem Moment geben Sie ihm die Belohnung, damit Ihr Hund nicht völlig den Zusammenhang verliert.

Schnappt Ihr Hund übertrieben heftig nach einem gereichten Leckerchen, müssen Sie es unbedingt festhalten. Lassen Sie quasi reflexartig ein Leckerchen los, wenn Ihr Hund zu feste danach schnappt, lernt er, dass Zubeißen zum Erfolg führt. Warten Sie bis es Ihr Hund vorsichtiger versucht oder lassen Sie es im Zweifel nur los, wenn Ihr Hund es mit Lecken probiert.

Für jeden etwas

Bei den Hunden, die sich schlecht belohnen lassen, muss man systematisch vorgehen. Grundsätzlich lässt sich jeder gesunde Hund ohne ausgeprägte Verhaltensprobleme zumindest zu Hause für Leckerchen oder Spielzeug begeistern. Es gibt nur wenige, bei denen es wirklich am Typ des Hundes liegt.

Hält die Begeisterung für ein Lieblingshäppchen nur sehr kurz, beginnen Sie mit dem Reichen von Leckerchen, unter Umständen an einem Tag ohne Futter am Abend. Hören Sie unbedingt auf, wenn Ihr Hund für seine Verhältnisse „maximal begeistert" ist. Das kann anfangs nach einem einzigen Leckerchen der Fall sein. Im Anschluss gibt es die ja noch ausstehende Mahlzeit mit dem normalen Futter. Stellen Sie Ihrem Hund das Futter für 15 Minuten hin und kümmern Sie sich nicht darum, ob er frisst oder nicht. Hat Ihr Hund nicht aufgefressen, bekommt er am folgenden Tag eine etwas kleinere Portion. Verfahren Sie auf diese Weise solange, bis Ihr Hund seine Mahlzeit in den 15 Minuten aufgefressen hat. Dann können Sie die Portion wieder größer werden lassen, aber achten Sie weiterhin darauf, ob er sie auch auffrisst. Steigern Sie allmählich die Menge der gereichten Lecker-

So steigern Sie das Interesse

Halten Sie Spielzeug/Leckerchen unter Verschluss.

Setzen Sie es nur in gezielten Übungen ein.

Beenden Sie Übungen immer mit freundlichen Worten, wenn Ihr Hund mit großer Begeisterung dabei ist und am liebsten weitermachen würde.

Trainieren Sie die Konzentrationsfähigkeit Ihres Hundes.

chen vor der Mahlzeit, aber hören Sie immer auf, wenn Ihr Hund besonders begeistert ist. Steigert sich seine Freude, arbeiten Sie an seiner Konzentrationsfähigkeit.

Spielfreude

Das Interesse für Spielzeug kann bei vielen Hunden geweckt werden. Holen Sie ein bestimmtes Spielzeug in der Wohnung hervor, lassen Sie es von Ihrem Hund kurz begutachten, ohne es ihm zu überlassen, und legen Sie es wieder in den Schrank.

▸ **Am nächsten Tag** spielen Sie selber kurz damit, ohne es Ihrem Hund zu geben.

▸ **Am übernächsten Tag** darf der Hund es kurz haben. Wichtig ist, dass Sie die Spielzeiten so kurz gestalten, dass Ihr Hund auf keinen Fall das Interesse verliert.

▸ **Mit der Zeit** wird das Interesse Ihres Hundes am Spielzeug steigen und er wird sich immer länger damit beschäftigen wollen. Setzen Sie das Spielzeug zunächst zum Aufbau der Konzentrationsfähigkeit ein. ●

SMART

Konzentrationstraining

› **Zeigen Sie** Ihrem Hund das Leckerchen oder Spielzeug und halten Sie es auf Brusthöhe eng an sich. Schaut Ihr Hund danach, bekommt er es. Dehnen Sie die Zeit des Anschauens stetig aus. Wechseln Sie mit kurzen Zeiten ab. Beginnen Sie damit, sich einen halben Schritt zu bewegen, allmählich auch mehr. Folgt Ihr Hund und guckt Sie an, belohnen Sie ihn. Wiederholen Sie die Übung an verschiedenen Orten erst ohne, später mit Ablenkung.

Worauf ein Hund reagiert

Hunde verständigen sich bekanntlich nicht über Worte. Sie kommunizieren durch Körpersprache, Mimik, Gerüche und auch Laute. Auf die menschliche Körpersprache achten Hunde sehr genau, allerdings deuten sie sie aus ihrer Sicht. So kommt es auch mal zu Missverständnissen, beispielsweise beim Streicheln.

Häufig wird einem Hund lobend auf den Kopf getätschelt. Aber aus Hundesicht wirkt das eher bedrohlich und die Reaktion der Hunde ist in der Regel eindeutig. Sie zeigen Beschwichtigungsgesten – zum Beispiel machen Sie sich kleiner, lecken sich über die Schnauze oder wenden den Kopf ab. Streichelt man hingegen seitlich am Hals des Hundes, reagieren die Hunde deutlich entspannter.

Körpersprache

Beim Training spielt die Körpersprache des Menschen eine Rolle. Lockere Haltung entspannt den Hund. Steife Körperhaltung kann hingegen als Drohung wahrgenommen werden, sodass der Hund eher Abstand halten möchte. Auch ständiges Greifen nach dem Hund und sich drüber beugen, führen eher dazu, dass er sich nicht wohl fühlt und daher nicht gut auf die Übung konzentrieren kann.

Bei allem, was man seinem Hund beibringt, beobachtet er genau unsere Körpersprache. Denken wir, wir haben ihm das Wort SITZ beigebracht, hat er vielleicht ganz andere Signale für das Hinsetzen abgespeichert. Das können zum Beispiel eine Situation, eine Körperhaltung oder eine Handbewegung sein. Stellen Sie sich zum Test vor den Spiegel, verschränken Sie die Arme und sagen Sie das Wort. Ihr Hund guckt Sie fragend an, aber tut sofort das Gewünschte, wenn Sie ihm das Signal wie gewohnt geben? Er hat das Wort noch nicht verstanden, auch wenn es für Sie bereits so aussah!

Handzeichen

Das Trainieren von Handzeichen ist für Hunde meistens leichter, als das von Worten, weil Hunde sich viel über Körpersprache verständigen. Reden ergibt für sie keinen Sinn, sie gewöhnen sich daran, wie an ein Radio. Achten Sie auf Eindeutigkeit beim Training mit Ihrem Hund.

▸ **Sagen Sie** seinen Namen und erst wenn Sie seine Aufmerksamkeit haben, geben Sie das gewünschte Signal.

Gesten und Geräusche

> **Wortsignale sollten kurz und deutlich zu unterscheiden sein.**

> **Bemühen Sie sich um einen sicheren und klaren Tonfall, der gleichzeitig so leise wie möglich ist.**

> **Zeigt Ihr Hund nicht die gewünschte Reaktion, überprüfen Sie Ihre Körpersprache.**

Das eindeutige Handzeichen ist für den Hund gut zu erkennen.

▸ **Ist Ihr Hund** bereits aufmerksam, können Sie ihm direkt das Signal geben.

▸ **Verzichten Sie** auf ganze Sätze oder ausschmückende Worte.

▸ **Sprechen Sie** klar und deutlich, aber möglichst leise. Ihr Hund hört wesentlich besser als Sie. Wenn ihm bei jedem Kommando die Ohren „wegfliegen", wird er natürlich auf leise Gesprochenes nicht reagieren, weil er sich nicht angesprochen fühlt.

▸ **Klingen Sie** vor allem sicher und überzeugt. Fragen Sie Ihren Hund nicht, ob er reagieren wird. Zuviel Zweifel in Ihrer Stimme führen zu schlechteren Ergebnissen.

SMART

Geräusche als Signal

› **Für Hunde** sind Laute, wie ein Pfiff oder ein Clickgeräusch, gut zu unterscheiden. Solche klaren Töne kommen in unserer Sprache nicht vor und sind für den Hund deutlicher abzugrenzen. Auch setzt man selber Töne meistens wesentlich bewusster ein als Worte. Ein zusätzlicher Pluspunkt liegt darin, dass im Gegensatz zu Worten ein Ton immer emotionslos und gleich klingt.

Klare Worte

Um es Ihrem Hund möglichst leicht zu machen, sollten Sie sich bei der Wortwahl Ihrer Signale sorgfältig Gedanken machen. So haben „Fein" und „Nein" denselben Klang, wenn sie nicht extra unterschiedlich betont werden. Auch könnte sich Ihr Hund fälschlicherweise angesprochen fühlen, wenn das Wort in der Umgebung des Hundes verwendet wird. Woher sollte Ihr Hund wissen, dass nicht ihm das Nein galt, sondern Ihrem Nachbarn? Für besondere Signale hat es sich bewährt, Worte einer Fremdsprache zu wählen. ●

Hunde aus
zweiter Hand

Haben Sie einen erwachsenen Hund übernommen, geben Sie ihm und sich Zeit zum Kennenlernen. Ihr neuer Mitbewohner hat einiges zu verkraften und braucht zunächst Zeit, um Vertrauen in sein neues Leben zu fassen.

Im Umstellungsstress kann Ihr Hund verhalten oder unruhig sein, er kann schlecht fressen oder nicht spielen wollen. Erst nach der ersten Eingewöhnungszeit von circa sechs Wochen, beginnen die meisten Hunde damit, heimischer zu werden. Bis sich Ihr Hund aber ganz sicher fühlt, vergeht mehr Zeit. Allerdings ist der Übergang fließend und es gibt auch Hunde, bei denen man fast vom ersten Tag an den Eindruck hat, dass sie sich in ihrem neuen Zuhause wohl fühlen. Erleichtern Sie Ihrem Hund die Eingewöhnungszeit, indem Sie ihn so viel in Ruhe lassen, wie er möchte. Vorsicht ist angesagt, wenn sich der Hund selber ständig aufdrängt. Wenn Sie jederzeit auf ihn eingehen, kann das in der Zukunft zu übermäßiger Abhängigkeit führen oder er bekommt das Gefühl, Sie „gut im Griff zu haben".

◄ **Durch ständiges Beobachten** kann sich Ihr neuer Hausgenosse – wie hier zu sehen – bedroht fühlen, da aus Hundesicht das Fixieren ein Drohverhalten ist. Wenden Sie lieber häufig den Kopf ab und zeigen Sie Ihrem Hund damit eine Beschwichtigungsgeste. Sie vermitteln ihm, dass Sie ihm freundlich gesonnen und an einem friedlichen Auskommen interessiert sind. Locken Sie ihn mal zu sich, um sich mit ihm zu beschäftigen, aber drängen Sie sich nicht auf.

Vertrauen

Lassen Sie sich Zeit, um gegenseitiges Vertrauen aufzubauen. Vertrauen entsteht über gemeinsame schöne Erlebnisse, für den Hund einschätzbare Handlungen und den Verzicht auf Strafmaßnahmen durch den Menschen. Vermeiden Sie möglichst alle bedrohlich wirkenden Situationen, wie Bürsten oder enges Festhalten. Solcherlei Maßnahmen sollten allmählich mit vielen Zwischenschritten und Belohnungen aufgebaut werden. Ist das Vertrauensverhältnis durch einen aggressiven Zwischenfall erst einmal gestört, erfordert es viel Mühe, es wieder aufzubauen.

▶ **Beginnen Sie das Training** mit einfachen Übungen, sodass sich Ihr neuer Hund während des Übens sicher fühlt. Eine gute Grundlage bietet das Konzentrationstraining (siehe Seite 19). Beginnen Sie mit einzelnen kurzen Übungen in entspannter Atmosphäre, um jeglichen Leistungsdruck zu vermeiden. Denn viele Hunde haben bereits diverse Erziehungsmethoden kennen und fürchten gelernt. Betroffene Hunde stehen schon unter Stress, wenn Sie nur den Eindruck bekommen, man könnte etwas von Ihnen wollen.

②

▲ **Ausgedehnte Spaziergänge** entspannen Ihren Hund. Allerdings ist es sicherer, ihn zunächst an einer langen Leine auszuführen und mit Übungen zum Rückruf zu beginnen. Erst wenn Ihr Hund sich deutlich nach Ihnen richtet und Sie erste Trainingsschritte zusammen erarbeitet haben, können Sie beginnen, ihn von der Leine zu lassen. Wählen Sie dafür eine möglichst wildarme Gegend, um nicht von Jagdambitionen Ihres Hundes überrascht zu werden. Ein Hund kann an der Leine einen anderen Eindruck machen als ohne. Als Zwischenstation ist ein großes eingezäuntes Gelände von Vorteil, sodass Sie dort auch schon ohne Leine am Rückruf arbeiten können.

Training

Leinenführigkeit

Wie gut gelingt es Ihnen, sich einfach einem langsamer gehenden Menschen anzupassen? In der Regel empfindet man es als sehr anstrengend, den eigenen Rhythmus zu ändern und es fällt einem schwer. Hunde haben fast immer eine schnellere Fortbewegungsgeschwindigkeit als Menschen, sollen sich aber ihrem Besitzer anpassen. Sie müssen deutlich langsamer gehen, als „jede Faser ihres Körpers fordert".

Hilfe, er zieht!

Das Ziehen an der Leine wird häufig durch die Umwelt belohnt. Der Hund zieht, um an einer besonders tollen Stelle zu schnüffeln oder zu seinem Spielkumpel zu kommen. Der Besitzer weiß, wohin sein Hund möchte und lässt ihn höflich gewähren. Also wird das Ziehen an der Leine durch das Erreichen des Ziels, nämlich der tollen Schnüffelstelle, belohnt. Geben Sie nicht aus Höflichkeit nach, sondern achten Sie konsequent auf die Leinenführigkeit.

Möchte Ihr Hund schnüffeln, bleiben Sie mit so viel Abstand von der Stelle stehen, dass Ihr Hund noch nicht nah genug dran ist und warten Sie ab. Gibt er nach, darf er schnüffeln, wird es uninteressant, gehen Sie weiter. Wenn Sie schon sehen, dass Sie so nah sind, dass es Ihnen nicht mehr möglich sein wird, Ihren Hund zurückzuhalten, bis er nachgibt, gehen Sie lieber stetig weiter. Lässt sich keine Maßnahme mehr umsetzen, kann es das geringste Übel sein, schnell die Leine nachzugeben, bevor sie sich spannt.

▶ Auch beim Vorwärtskommen wird Ihr Hund eher den Eindruck haben, dass es nun mal beschwerlich ist, an der Leine voranzukommen. Weiter geht es ja immerhin. Denn Menschen hängen auch an Ihren Gewohnheiten und möchten ihre eigene Gehgeschwindigkeit ohne Unterbrechung beibehalten. Vielleicht drängt sogar ein Termin. Also geht man weiter, genau wie der Hund angestrengt vom Ziehen an der Leine. Gehen Sie nicht einfach hinterher, sondern achten Sie auf eine lockere Leine. Werden Sie immer langsamer, je mehr Zug auf die Leine kommt und bleiben Sie ganz stehen, wenn es zu arg wird. Bei einigen Hunden klappt es besser, immer stehen zu bleiben, wenn die Leine auch nur beginnt, sich zu straffen.

Gewöhnung an ein Kopfhalfter

Halten Sie das Schnauzenteil so, dass Sie Ihren Hund mit einem Leckerchen durch die Öffnung locken können und festigen Sie diesen Schritt.

Ziehen Sie Ihrem Hund kurz das Kopfhalfter mit Leine an.

Locken Sie Ihren Hund mit Kopfhalfer ein paar Schritte und belohnen Sie ihn. Üben Sie auch das Kurvengehen.

Dehnen Sie die Zeit des Tragens allmählich aus.

Geduld

Sind Sie stehen geblieben, müssen Sie so lange warten, bis Ihr Hund nachgibt, egal ob er sich setzt, umsieht oder nur einen Schritt zurück macht. Beobachten Sie ihn genau und gehen Sie weiter, wenn er nachgibt. Bei sehr temperamentvollen Hunden kann es sinnvoller sein, immer die Richtung zu wechseln, wenn die Leine sich strafft. Läuft der Hund in der Gegenrichtung ordentlich, und sei es nur, um Sie zu überholen, nehmen Sie entspannt Ihre eigentliche Richtung und Geschwindigkeit wieder auf.

Achten Sie grundsätzlich darauf, dass Ihr Hund nicht grob am Halsband gerissen wird. Bremsen Sie ihn mög-

Loben Sie Ihren Hund, wenn er locker an der Leine läuft.

Belohnen

› **Denken Sie auch** daran, Ihrem Hund wohlwollende Aufmerksamkeit zu schenken, wenn er gerade artig läuft. Eine „Beschleunigung" beim Lernen erreichen Sie durch Belohnungen, die Ihr Hund immer dann bekommt, wenn die Leine locker ist.

lichst sanft und nicht abrupt aus. Ständiges Unwohlsein oder gar Schmerzen schaden Ihrem Hund nicht nur körperlich, sondern behindern auch den Lernprozess.

Mit Hilfe

Um sich den Alltag zu erleichtern, gibt es glücklicherweise Möglichkeiten, einen Hund schmerzfrei mit weniger Kraftaufwand an der Leine zu führen. Das sind so genannte Hareness-Geschirre, bei denen die Leine vorne an der Brust eingehakt wird und Kopfhalfter. Bei dem Gebrauch eines Kopfhalfters muss der Hund vor dem Gebrauch etwa zwei Wochen lang daran gewöhnt werden.

Vergessen Sie nicht, jeden Tag mit Ihrem Hund die Leinenführigkeit an seinem normalen fest verschnallten Halsband oder Brustgeschirr zu üben. Verwenden Sie ausschließlich möglichst breite, nicht einschnürende und bequeme Halsbänder oder Brustgeschirre. ●

SITZ, PLATZ, STEH

Mit einem lockenden Leckerchen können Sie Ihrem Hund die Positionen SITZ, PLATZ oder STEH beibringen. Sagen Sie das Signal zunächst erst, wenn Ihr Hund sich anschickt, in die jeweilige Körperposition zu kommen. Wenn das Signalwort zum falschen Zeitpunkt kommt, erschwert das dem Hund eine klare Verknüpfung. Vielleicht guckt er gerade nach einem Vogel, was für ihn dann mit einem SITZ verknüpft ist.

SITZ

Nehmen Sie ein Leckerchen in die Hand und halten Sie es so, dass Ihr Hund daran riechen und lecken, aber es nicht fressen kann. Führen Sie nun Ihre Hand möglichst ruhig von der Nase Ihres Hundes aus dicht an seinem Kopf entlang, sodass er mit der Nase förmlich an Ihrer Hand „klebt". Ihr Hund wird sich setzen, um bequemer dem Leckerchen folgen zu können. Sobald sein Po den Boden berührt, geben Sie das Leckerchen zum Fressen frei.

Weicht Ihr Hund bei der Übung nach hinten aus, müssen Sie das Leckerchen höher halten. Springt er hoch, halten Sie das Leckerchen tiefer und bleiben dichter an der Hundenase. Achten Sie darauf, Ihre Hand möglichst ruhig zu halten. In dem Moment, in dem der Po Ihres Hundes den Boden berührt, geben Sie das Leckerchen zum Fressen frei.

Sobald der Hund sich setzt, erhält er das Leckerchen.

PLATZ

Das Hinlegen des Hundes können Sie aus dem Sitzen aufbauen. Führen Sie ein Leckerchen von der Hundenase aus ziemlich dicht an der Brust Ihres Hundes Richtung Boden. Ihr Hund sollte stetig folgen. Um sich weniger verrenken zu müssen, legen sich viele Hunde dabei hin. Natürlich gibt es dann auch das Leckerchen.

▶ Eine andere Möglichkeit besteht darin, dass Sie Ihrem Hund ein Leckerchen vor die Nase halten und Ihre Hand dann mit dem versteckten Leckerchen flach auf den Boden legen. Nun muss Ihr Hund überlegen, wie er an das Leckerchen herankommen kann. Er könnte versuchen, mit der Nase zu stupsen oder mit der Pfote zu kratzen. Solche Versuche bleiben natürlich erfolglos. Nur wenn Ihr Hund sich hinlegt, um besser an das Leckerchen zu kommen, geben Sie es sofort zum Fressen frei.

▶ Klappen beide Varianten nicht, können Sie eine weitere Hilfestellung bieten. Locken Sie Ihren Hund mit

einem Leckerchen unter einem Stuhl oder einer Tischstrebe durch. Beides muss so tief sein, dass er

Geben Sie Ihrem Hund so viel Hilfestellung, wie er braucht.

Handzeichen

› **Als Handzeichen** bauen Sie bei diesen Übungen automatisch eine Aufwärtsbewegung für SITZ, eine Abwärtsbewegung für PLATZ und eine horizontale Bewegung für STEH auf.

› **Beenden Sie** jede Übung mit einem Auflösesignal, wie LAUF, sodass Ihr Hund nicht von alleine aufhört.

sich hinlegen muss, um zu folgen. Sie können sich auch auf den Boden setzen und ein Bein so ausstrecken, dass Ihr Hund unter dem Bein zum Liegen kommen kann. Bei dieser Vorgehensweise kann es notwendig sein, den Hund zunächst für sein Bemühen zu belohnen, sich unter das Hindernis zu schieben. Weil es eine beengende neue Situation ist, geben viele Hunde sonst auf. Kriecht Ihr Hund anstandslos unter das Hindernis, gibt es das Leckerchen natürlich nur noch für das Hinlegen. Nach einigen Wiederholun-

gen, wird Ihr Hund auch ohne das Hindernis auf die Idee kommen, dass es sich lohnt, sich hinzulegen.

STEH

Auch das Stehen als Körperposition kann man aus dem Sitzen aufbauen. Halten Sie Ihrem sitzenden Hund ein Leckerchen vor die Nase und ziehen Sie es dann langsam, ganz gerade, parallel zum Boden, von seiner Nase weg. Drückt Ihr Hund die Hinterbeine durch, sodass er zum Stehen kommt, gibt es das Leckerchen. ●

Anhalten und Bleiben

Möchten Sie erreichen, dass Ihr Hund länger in einer Position verharren kann, sollten Sie von Anfang an das Bleiben mitbelohnen. Sie müssen lediglich Ihrem Hund weitere Leckerchen geben, während er sitzt, liegt oder steht. Neigt Ihr Hund dazu, schnell seine Position zu verlassen, bereiten Sie die Übung vor, indem Sie mehrere Leckerchen in eine Hand nehmen. Lassen Sie Ihren Hund sich zum Beispiel setzen, halten Sie die verschlossene Hand mit den Leckerchen dicht an seine Nase und belohnen Sie ihn mit der anderen Hand mit einzelnen Leckerchen aus der verschlossenen Hand. Behalten Sie am Ende der Übung mindestens noch ein Leckerchen in der verschlossenen Hand, damit Ihr Hund nicht denkt, dass die Übung immer vorbei ist, wenn die Leckerchen weg sind.

Entfernung

Mit der Zeit wird Ihr Hund immer zuverlässiger in der gewünschten Position bleiben. Nun erst können Sie beginnen, an einer größeren Entfernung zu Ihrem Hund zu arbeiten. Anfangs ist das nur die Andeutung eines Schritts und schon belohnen Sie Ihren Hund für das Bleiben. Dann wird es ein halber, ein ganzer, zwei und mehr Schritte. Die Voraussetzung für eine größere Entfernung ist allerdings immer, dass Ihr Hund bei der vorherigen Entfernung nicht aufgestanden ist. Gehen Sie immer wieder zurück und belohnen Sie Ihren Hund.

▸ Haben Sie sich einmal vertan und Ihr Hund steht frühzeitig auf, ärgern Sie sich nicht über Ihre falsche Einschätzung. Geleiten Sie Ihren Hund geduldig zum Ausgangspunkt und wiederholen Sie die Übung. Gehen Sie jetzt aber nur eine wesentlich kürzere Strecke weg, als beim misslungenen Versuch. Belohnen Sie Ihren Hund für das Bleiben.

▸ Festigen Sie die vorherigen Schritte und tasten Sie sich vorsichtig an die kritische Distanz heran. Wenn Sie immer wieder erfolglos die heikle Stelle austesten, verwirrt das Ihren Hund. Geben Sie ihm Sicherheit, indem Sie Schwierigkeitsstufen fordern, die er sicher bewältigen kann.

Üben Sie das Anhalten anfangs auf kürzeste Entfernung.

Anhalten

Gehen Sie zum Belohnen zu Ihrem artig liegen bleibenden Hund.

▸ Für das Anhalten müssen die Hunde lernen, dass SITZ, PLATZ oder STEH nicht bedeutet, die Position beim Besitzer einzunehmen, sondern dort, wo sie sich gerade befinden. Nehmen Sie sich zunächst nur ein Signal vor, z. B. SITZ. Binden Sie Ihren Hund an einen Baum und treten Sie ein wenig weiter von ihm weg, als Sie es sonst beim Üben tun. Für den Anfang reicht ein halber Schritt. Fordern Sie Ihren Hund zum Sitzen auf. Tut er es, gehen Sie hin und belohnen ihn.
▸ Guckt er sie ratlos an, helfen Sie ihm mit dem dazugehörigen Handzeichen. Im Verlauf weiterer Übungen erhöhen Sie langsam die Distanz. Steht Ihr Hund auf, fordern Sie Ihn erneut zum Sitzen auf. Klappt das nicht, helfen Sie ihm mit dem Handzeichen und gehen eventuell dichter heran. Entfernen Sie sich nochmals, aber nur ein kurzes Stück. Gehen Sie dann zu Ihrem Hund und belohnen Sie ihn. Festigen Sie nochmals die vorherigen Distanzen. Steht er in freudiger Erregung über Ihr Zurückkommen auf, bleiben Sie stehen und lassen ihn abermals sitzen. Erpressen Sie ihn: Er muss sitzen, damit Sie wiederkommen. ●

Anhalten ohne Leine

Üben Sie das Anhalten ohne Leine anfangs in Situationen, in denen sich Ihr Hund in Ihrer Nähe aufhält oder gelangweilt auf Sie zukommt. Fordern Sie Ihren Hund zum Sitzen auf und gehen Sie gleichzeitig locker auf Ihren Hund zu. Sie erleichtern ihm damit das Anhalten, aber achten Sie darauf, dass sich Ihr Hund nicht eingeschüchtert fühlt.

FUSS

Auf einem Spaziergang mit einem freilaufenden Hund kann es in vielen Situationen praktisch sein, den Hund auch ohne Leine dicht bei sich halten zu können.

Im Straßenverkehr ist es praktischer, den Hund auf der rechten Seite bei Fuß laufen zu lassen – bei vielen Prüfungen im Hundesport ist die linke Seite vorgeschrieben. Entscheiden Sie sich zunächst für eine bestimmte Seite. Wenn Sie

ständig wechseln, verwirren Sie Ihren Hund nämlich. Später können Sie zusätzlich die andere Seite auf ein weiteres Signal trainieren.

Erste Schritte

Das FUSS-Gehen lässt sich im ersten Ansatz leicht über das Locken mit Leckerchen aufbauen. Stellen Sie sich auf die Seite Ihres angeleinten Hundes, für die Sie sich entschieden haben. Nehmen Sie ein Leckerchen in die Hand, auf deren Seite sich der Hund befindet. In der anderen Hand halten Sie die Leine locker vor Ihrem Körper. Halten Sie Ihrem Hund das Leckerchen vor die Nase und gehen Sie einen Schritt. Belohnen Sie Ihren Hund für das Mitgehen.

▶ **Dehnen Sie die** zurückgelegte Strecke allmählich aus, aber achten Sie darauf, Ihrem Hund das Leckerchen zu geben, wenn er gut mitmacht. Reizen Sie die Übung nämlich zu lange aus, wendet sich der

Hund irgendwann frustriert ab und Sie kommen beim weiteren Üben nur noch schlecht voran.

▶ **Für längere Strecken** ist es sinnvoll, wenn Sie mehrere Leckerchen in der Hand halten, die Sie nach und nach dem Hund geben. Haben Sie immer nur ein Leckerchen und wühlen für das nächste umständlich in der Tasche, verliert Ihr Hund schnell den Zusammenhang und bekommt den Eindruck, dass die Übung immer nach einem Leckerchen beendet ist.

▶ **Damit Ihr** Hund nicht denkt, dass die Übung grundsätzlich zu Ende ist, wenn alle Leckerchen verbraucht sind, sollten Sie ihm nicht immer alle Leckerchen, die Sie in der Hand halten, geben, sondern die Übung vorher beenden.

▶ **Läuft Ihr Hund** besonders schön, belohnen Sie das entsprechend. Achten Sie darauf, dass Ihr Hund eher zu Ihnen geneigt ist; auf keinen Fall sollte er einen großen Abstand zu Ihnen halten oder von Ihnen abgewendet sein. Halten Sie daher das Leckerchen dicht bei sich.

Zu Beginn wird der Hund in die gewünschte Position gelockt.

Weiter geht's

Hat sich bei dieser Übung zwischen Ihnen und Ihrem Hund eine gewisse Routine eingespielt, beginnen Sie das Locken abzubauen. Nehmen Sie anfangs während des FUSS-Gehens für einen kurzen Moment Ihre Hand mit Leckerchen ein kleines Stück hoch und geben es umgehend Ihrem Hund für sein artiges Weitergehen. Dehnen Sie die Zeit, in der Sie das Leckerchen höher halten, allmählich aus. Achten Sie aber darauf, Ihren Hund zu belohnen, bevor er

Geduld

> **Anfangs** kann das Üben an einer Wand, einem Zaun oder ähnlichem praktisch sein. So kann Ihr Hund nicht zur Seite ausweichen. Widerstehen Sie der Versuchung, Ihren Hund einfach an der Leine in die gewünschte Position zu manövrieren. Unsanftes Ziehen am Hund fördert nicht die Zusammenarbeit und Sie haben später größere Schwierigkeiten, die Übung ohne Leine umzusetzen.

Belohnen Sie Ihren Hund, wenn er sich auf Sie konzentriert.

nach dem Leckerchen springt. Das Ziel dieser Trainingsetappe ist, dass Ihr Hund Ihren angewinkelt gehaltenen Arm als Sichtzeichen für FUSS erlernt.

▸ Bei manchen Hunden klappt es besser, wenn Sie anstatt des allmählichen Höherhaltens direkt das Leckerchen mit angewinkeltem Arm an Ihren Körper hal-

ten. Probieren Sie aus, ob Ihr Hund aufmerksam in FUSS-Position bleibt, wenn Sie das tun und belohnen Sie ihn natürlich sofort, wenn dem so ist. Dehnen Sie ganz allmählich die Zeit aus, die Ihr Hund konzentriert bei Fuß läuft, bis er das Leckerchen bekommt. Aber belohnen Sie ihn immer mal für kurze Strecken. ●

Verfressene
Hunde

Mit einem verfressenen Hund hat man es im Bereich Motivation leicht, aber beim unerwünschten Fressen schwer. Denn so ein Hund wird für ein Häppchen zu jeder Zeit „sein Leben riskieren".

Aus Hundesicht gibt es keinen Grund gegen das Fressen. Für ihn ist alles, was er findet, ein schmackhaftes Stück Glück. Die Futtersucherei entspricht dem Naturell von Hunden. Schließlich haben sie sich lange Zeit im Zusammenleben mit dem Menschen großteils von dessen Resten und kleinen Beutetieren ernährt. Die Futteraufnahme erfolgte eher über den Tag verteilt und nicht in einzelnen großen Portionen aus dem Napf.

Hat sich ein Hund die Futtersucherei angewöhnt, werden ihn auch Misserfolge und schlechte Erlebnisse nicht so schnell davon abbringen. Fressen ist selbst belohnend und fördert die Suche nach Futter. Lernen funktioniert jede aufnahmebereite Sekunde und nicht nur dann, wenn man mit seinem Hund gezielt trainiert. Jedes kleine Erfolgserlebnis bestätigt den Hund im Weitermachen. Und wer würde sich schon schnell von der Nahrungsaufnahme abhalten lassen?

◀ Streitet man sich mit seinem Hund um gefundenes Futter, leidet das Vertrauensverhältnis und der Besitzer wird zum ärgsten Konkurrenten. Viele Hunde lernen sogar, wie lange Sie noch schnell genug schlucken können, bevor ihr Besitzer angekommen ist. Der stetige Konkurrenzkampf kann dazu führen, dass die Hunde Gefundenes ohne genauere Prüfung schlucken und sogar beginnen, wirklich Unverdauliches zu fressen, beispielsweise Zigarettenkippen.

◄ **Zum Durchbrechen** dieses Teufelskreises sollte man sich an das Problem von mehreren Seiten herantasten. Regen Sie sich nicht über Ihren Hund auf, wenn er etwas gefunden hat. Je mehr Sie das tun, umso wichtiger wird es für den Hund. Plötzliche Bewegungen führen dazu, dass der Hund quasi reflexartig schluckt, ohne weiter nachzudenken. Nähern Sie sich daher im Zweifelsfalle beiläufig und entspannt. Müssen Sie Ihrem Hund wirklich etwas wegnehmen, bleiben Sie dabei ruhig und locker in Ihren Bewegungen. Bringen Sie Ihren Hund danach sofort aus der „Gefahrenzone", sodass er sich das gefährliche Objekt nicht noch einmal schnappen kann. Machen Sie ein paar schöne Übungen mit ihm und lenken Sie ihn noch so lange ab, wie Gefahr bestehen könnte, dass er wieder zurückrennen könnte. Hat Ihr Hund etwas Ungefährliches gefunden, üben Sie mit ihm damit einige Male das GIB. Am Ende sollte er seine „Beute" möglichst oft behalten dürfen. Dann fällt es nicht mehr so ins Gewicht, wenn Sie ihm wirklich mal etwas abnehmen müssen.

► **Bauen Sie auf Spaziergängen** mit Ihrem Hund NO-Übungen ein, die sicher klappen werden, sodass Ihr Hund immer zuverlässiger wird. Wichtig ist, unerwünschtes Fressen durch vorausschauendes Spazierengehen zu vermeiden. Nehmen Sie ihn vor kritischen Stellen an die Leine. Beschäftigen und belohnen Sie ihn, wenn er artig auf dem Weg bleibt, denn artiges Verhalten muss sich lohnen!

NO

NO ist ein Signal mit der Bedeutung: „Das kannst Du gleich aufgeben, Du wirst damit sowieso keinen Erfolg haben". Das geht im Prinzip ganz einfach. Ein alltagstauglicher Trainingsstand setzt allerdings einiges an Übungsaufwand voraus. Sie können natürlich auch ein anderes Wort als „NO" oder ein Geräusch wählen. Sie sollten aber unbedingt ein Signal wählen, das im Alltag nicht vorkommt, um unbeabsichtigte Verwechslungen zu vermeiden!

Unerreichbar

Für die erste Übung nehmen Sie sich etwas Fressbares, das nicht so sehr attraktiv ist, zum Beispiel ein trockenes Brötchen. Ihren Hund halten Sie an der Leine. Legen Sie das Brötchen so aus, dass Ihr Hund es wohl sieht und riecht, aber es auf keinen Fall erreichen kann. Wählen Sie anfangs lieber eine größere Distanz, sodass Ihr Hund sich zwar deutlich für das Brötchen interessiert, aber noch aufnahmefähig

ist. Beginnt man mit einer zu geringen Entfernung, kann sich der Hund so aufregen, dass er nicht mehr richtig denken kann.

▸ Sobald Ihr Hund Interesse für das Brötchen zeigt, sagen Sie Ihr Signal NO nur einmal. Danach sagen Sie gar nichts mehr. Das Signal hat für Ihren Hund in dem Moment natürlich noch überhaupt keine Bedeutung. Er wird also weiter versuchen, mit den Pfoten rudernd, irgendwie das Brötchen zu erreichen. Sie müssen unbedingt stehen bleiben. Geben Sie keinen Zentimeter mit der Leine nach und rucken Sie auch nicht zurück.

▸ Ihr Hund soll das Gefühl bekommen, dass alle seine Anstrengungen vollständig uneffektiv sind und er überhaupt nichts an der Situation ändern kann. Irgendwann wird er aufgeben und das ist der Moment, den Sie sofort belohnen müssen.

▸ Wiederholen Sie die Übung noch einige Male. Hat Ihr Hund kein Interesse, legen Sie das Brötchen an einen neuen Platz, aber fordern Sie Ihren Hund nicht extra auf, es zu nehmen. Im Verlauf

Das NO sagt Ihrem Hund zuverlässig Erfolglosigkeit voraus.

Wenn Ihr Hund aufgibt, sollten Sie selbst nicht abgelenkt sein, um ihn belohnen zu können.

mehrerer Trainingseinheiten wird Ihr Hund nach dem Ertönen des Kommandos NO immer schneller aufgeben.

▸ Trainieren Sie an verschiedenen Orten und führen Sie nach und nach immer Attraktiveres ein. Beginnen Sie auf Spaziergängen an zufällig gefundenem Müll zu üben oder legen Sie vorher – ohne Ihren Hund – Verlockendes aus. Klappt es an der Leine besser, versuchen Sie die Leine Ihres Hundes locker zu lassen, aber achten Sie darauf, dass Sie Ihren Hund im Notfall von dem Fressen fernhalten können.

▸ Funktioniert auch das gut, legen Sie etwas Fressbares auf die Erde, sodass Sie notfalls noch Ihren Fuß darüber schieben und so ohne Leine üben können. Fähige Hilfspersonen sind willkommen.

▸ Legen Sie auf Spaziergängen Fressbares unter eine Steinplatte, sodass Ihr Hund es nicht erreichen kann und üben Sie an der Stelle das Signal ebenfalls ohne Leine. Je ideenreicher Sie solche Fallen zum Trainieren auslegen, desto besser wird die Zuverlässigkeit Ihres Hundes werden. ●

SMART

Rechtzeitig

▸ **Das NO sagt** Ihrem Hund im Training immer wieder Erfolglosigkeit vorher, sodass er immer sicherer auf das Signal reagiert. Beachten Sie, dass es nur für Situationen geeignet ist, in denen sich Ihr Hund anschickt etwas zu tun. Ist er bereits dabei und hat daher Erfolg, ist es für dieses Signal zu spät und würde Sie höchstens unglaubhaft machen.

GIB

Das Hergeben auf Kommando ist in vielen Situationen hilfreich. So ermöglicht es entspanntes Spielen und entschärft Situationen, in denen Ihr Hund etwas hergeben muss. Mit dem folgenden Training können Sie Ihrem Hund das Hergeben erfolgreich auf freundliche Art und Weise beibringen.

Die Grundlage für das GIB sind Tauschübungen, die gleichzeitig einem Konkurrenzdenken entgegenwirken. Sie benötigen für diese Übung einen Gegenstand, den der Hund nehmen möchte, aber nicht sofort schlucken oder zerkauen kann, und etwa gleichattraktive Leckerchen.

Tauschen

Beginnen Sie zum Beispiel mit einem Büffelhaut-Kauknochen, den Sie Ihrem Hund geben. Halten Sie ein Leckerchen griffbereit. Sagen Sie zuerst GIB und halten Sie Ihrem Hund eine Sekunde später das Leckerchen unter die Nase. Ist es attraktiv genug, wird der Hund den Knochen loslassen, um das Leckerchen zu fressen, was er auch darf. Fassen Sie den Knochen nicht an und lassen Sie Ihren Hund weiterkauen. Wiederholen Sie diesen Ablauf mehrmals nacheinander. Am Ende darf Ihr Hund den Knochen behalten. Klappt es mit dem Hergeben, können Sie den Knochen auch anfassen, letztendlich auch nehmen. Geben Sie ihn Ihrem Hund aber immer wieder. Klappt es mit einem Gegenstand gut, nehmen Sie einen anderen. Die Knochen können immer attraktiver werden. Auch getrocknete Brote eignen sich. Im gehobenen Training lassen sich tiefgefrorene Fleischstücke

Beim GIB sollte keine Konkurrenz im Spiel sein.

oder gefrorenes Hundefutter einsetzen, die so groß sind, dass sie vom Hund nicht verschluckt oder schnell zerkleinert werden können. Auch Spielzeuge sollten im Training unbedingt berücksichtigt werden. Je besser Sie abschätzen können, womit die Übung funktionieren wird, desto besser. Lassen Sie am Ende der Ausspuckübungen möglichst oft Ihren Hund das Begehrte behalten. Wenn Sie ihm dann mal wirklich etwas abnehmen wollen, fällt das nicht mehr so sehr ins Gewicht.

Um eine klare Verknüpfung mit dem Wort herzustellen, ist es wichtig, dass die Leckerchen im fortgeschrit-

Sagen Sie erst GIB und geben Sie dann gleich das Leckerchen.

Wenn er es kann!

› **Widerstehen Sie** der Versuchung, das Signal im Alltag anzuwenden, wenn der Hund der Schwierigkeitsstufe noch nicht gewachsen ist. Jedes Mal, wenn es nicht funktioniert, verschlechtern Sie sich Ihren Trainingserfolg. Das Signal kann situationsabhängig sogar die Bedeutung von NIMM für den Hund bekommen.

tenen Training in den Hintergrund treten. Hat man anfangs dem Hund das Leckerchen unter die Nase gehalten, sollte es später erst erscheinen, wenn der Hund auf das GIB reagiert hat.

Zu schlau

Bestechen Sie Ihren Hund lediglich mit einem Leckerchen, um ihm etwas weg-zunehmen, wird er darauf nur wenige Male hereinfallen. Ihr Hund wird schließlich lernen abzuwägen, was ihm wichtiger ist. Es gibt auch Hunde, die in solchen Situationen Verfolgungsspiele beginnen.

Bauen Sie hingegen die Tauschübungen sorgfältig auf, wird Ihr Hund lernen, zuverlässig auch interessante Dinge wieder abzugeben. ●

Rückruf

Ein zuverlässiger Rückruf bedeutet, dass der Hund ohne nachzudenken auf dem Absatz kehrt macht und zügig zu seinem Besitzer kommt. Nur dann hat man auch unter starker Ablenkung die Möglichkeit, den Hund zum Kommen zu bewegen. Das Grundprinzip hierzu ist wesentlich einfacher als die Umsetzung:

Rufen Sie Ihren Hund, wenn er sowieso zu Ihnen kommt.

„Rufe Deinen Hund nur, wenn Du sicher bist, dass er auch kommt!"

Freudige Reaktion

Und Kommen bedeutet nicht, dass er gelangweilt nach einigen Überlegungen zum Besitzer trödelt. Es gibt keine Entscheidungsmöglichkeit beim Rückruf, sondern nur eine Reaktion. Diskutieren Sie also nicht aus, ob Ihr Hund gehorcht, sondern bauen Sie das Training so auf, dass er immer freudig kommt. Ansonsten lernt er nur, dass er eine Wahlmöglichkeit hat, selbst wenn er sich in der einen Situation für Sie entscheidet.

Signale festlegen

Das Grundkonzept lässt sich mit einigen Tricks im Alltag gut umsetzen. Sie haben bisher sicher Ihren Hund irgendwie gerufen. Dieses Kommando behalten Sie bei. Häufig ist das ein KOMM, auf das der Hund noch nicht so zuverlässig reagiert. Als Signal für Ihren gut funktionierenden Rückruf bauen

Sie unabhängig davon ein HIER und vielleicht zusätzlich einen Pfiff auf.

▸ **Drei verschiedene Signale** für den Rückruf erscheinen auf den ersten Blick umständlich, bieten aber für den Alltag praktikable Lösungen. Es wird nämlich immer Situationen geben, in denen Sie sich nicht sicher sind, ob der Rückruf klappen wird. Verwenden Sie Ihr absolutes Rückruf-Signal und es klappt nicht richtig, verschlechtern Sie sich Ihr Endergebnis. Also rufen Sie in solchen Situationen mit Ihrem Allerweltswort.

▸ **In Situationen,** in denen Sie sich sicher sind, dass es klappen wird, nutzen Sie das HIER, und wenn Sie sich völlig sicher sind, dass Ihr Hund auch noch mit großer Begeisterung herankommen wird, nehmen Sie die Pfeife. So wird die Pfeife besonders präzise aufgebaut und wird später einmal am besten funktionieren. Auch wenn Sie einmal heiser sind, leistet eine Pfeife gute Dienste. Auf der anderen Seite haben Sie immer noch das HIER, sollten Sie die Pfeife einmal vergessen.

HIER

Kommt der Hund so begeistert gelaufen, koppeln Sie das mit dem Pfiff.

Als erstes muss Ihr Hund eine klare Vorstellung davon bekommen, was HIER bedeutet, nämlich schnell und direkt zu Ihnen zu laufen. Schaffen Sie dafür möglichst viele Situationen, in denen er genau das schnelle Zulaufen mit dem HIER in Verbindung bringt. Immer wenn Ihr Hund sowieso zu Ihnen läuft, rufen Sie während seines Kommens HIER und belohnen ihn dann. Achten Sie darauf, dass er sich wirklich über seine Belohnung freut ... Mal hopsen Sie jauchzend mit ihm, mal zaubern Sie sein Spielzeug hervor, mal ein Leckerchen. Wechseln Sie die funktionierenden Belohnungsmöglichkeiten ab, damit es spannend bleibt.

Beobachten Sie Ihren Hund, ob er bei Ihnen eher gelangweilt wirkt oder freudig bei der Sache ist. Eine Belohnung muss Ihren Hund begeistern, sonst ist es keine. ●

SMART

VORAN

> **Hören Sie** unbedingt mit dem Belohnen auf, während Ihr Hund in Hochstimmung ist und schicken Sie ihn weg. Sagen Sie zum Beispiel VORAN und kümmern sich von da an nicht mehr um ihn, nicht einmal hingucken ist erlaubt. Entfernt sich Ihr Hund nur ungern von Ihnen, haben Sie den perfekten Moment zum Wegschicken getroffen und das Interesse Ihres Hundes an einer erneuten Rückruf-Übung steigt.

HIER

Die besten Übungen für den Rückruf ergeben sich draußen mit dem freilaufenden Hund.

▸ Wechseln Sie auf einem Spaziergang die Richtung und beobachten Sie aus dem Augenwinkel Ihren Hund. In dem Moment, in dem er sich anschickt, hinter Ihnen her zu laufen, rufen Sie HIER und belohnen ihn, wenn er angekommen ist. Bleiben Sie auf keinen Fall abwartend stehen, ob es wohl klappen wird, sondern strahlen Sie Zuversicht aus und bringen Sie Spannung ins Spiel. Zaubern Sie dafür die Belohnung erst dann hervor, wenn Ihr Hund angekommen ist oder kurz vorher. Wenn Sie selber loslaufen, während ihr Hund hinter Ihnen herläuft, erhöhen Sie den Spaßfaktor Ihres Hundes ungemein. Daraus kann sich ein regelrechtes Spiel entwickeln, an dem besonders lauffreudige Hunde Spaß haben. Rennt Ihr Hund nämlich, nachdem er seine Belohnung eingeheimst hat, praktisch direkt weiter, wechseln Sie nochmals die Richtung und laufen wieder von Ihrem Hund weg. Rufen Sie abermals HIER, wenn Ihr Hund sich anschickt hinterher zu kommen. Für manche Hunde ist allein dieses gemeinsame Rennen eine Belohnung, sodass eine zusätzliche Belohnung nicht unbedingt notwendig ist.

▸ Bemerkt Ihr Hund Ihren Richtungswechsel nicht oder wird Ihnen die Entfernung zu „brenzlig", können Sie ihn mit seinem Namen auf sich aufmerksam machen. Das HIER dürfen Sie in jedem Fall nur dann rufen, wenn Ihr Hund bereits zu Ihnen losgelaufen ist.

Variablen

Funktioniert das Üben gut und hat Ihr Hund Freude am Training, nehmen Sie neue Situationen in die HIER-Übungen mit auf.

▸ Rufen Sie Ihren Hund, wenn er Sie ansieht. Auch wenn er irgendwo unschlüssig herumsteht, können Sie ihn rufen, aber machen Sie ihn erst mit seinem Namen aufmerksam. Rufen dürfen Sie natürlich nur, wenn Ihr Hund auf seinen Namen überhaupt reagiert. Um ihn zu motivieren, auch wirklich zu Ihnen zu laufen, können

Schaut Ihr Hund zu Ihnen, haben Sie eine gute Chance zum Rufen.

Der Hund lernt, das Laufen zum Besitzer mit dem HIER zu verbinden.

Sie auch wegrennen, nachdem Sie ihn gerufen haben, damit er auf jeden Fall kommt.

▸ Kümmert sich Ihr Hund ohne Leine nicht um Sie, beginnen Sie zu Hause mit Übungen an der Leine. Nehmen Sie sich das Lieblingsspielzeug oder -leckerchen Ihres Hundes, zeigen Sie es ihm und bewegen Sie sich rückwärts zügig von ihm weg. In dem Moment, in dem er sich anschickt, dem Angebot zu folgen, sagen Sie HIER. Das Versprochene gibt es als Belohnung. Achten Sie darauf, dass Ihr Hund dabei wirklich begeistert und nicht gelangweilt ist. Im Zweifelsfalle brauchen Sie am Anfang das Attraktivste, was Ihnen für Ihren Hund einfällt. Wiederholen Sie die Übung immer nur so oft, wie Ihr Hund begeistert mitmacht und hören Sie auf dem Höhepunkt freundlich auf. Klappt die Übung in der Wohnung bei großer Begeisterung Ihres Hundes immer super, führen Sie sie draußen an einem langweiligen Ort durch. Nach und nach können Sie die Ablenkungen steigern.

▸ Üben Sie mit Ihrem Hund draußen an einer langen Leine, achten Sie darauf, dass er bei einem Richtungswechsel keinen kräftigen Leinenruck erhält. Wechseln Sie eher die Richtung, wenn Ihr Hund gedankenverloren irgendwo schnüffelt, sodass er den Wechsel bemerkt, wenn er wieder aufschaut. Läuft er freudig los, rufen Sie HIER, laufen selber los und belohnen ihn für sein Kommen. ●

SMART

Gemeinsam

› **Sind Sie** zu zweit, können Sie zu Hause spielerisch den Rückruf üben. Einer hält den Hund fest, der andere rennt in ein anderes Zimmer und ruft den Hund, der natürlich für sein blitzartiges Kommen mit einem Spiel oder Leckerchen belohnt wird.

Rückruf bei
Problemverhalten

Egal, welches Problemverhalten Ihr Hund hat, er empfindet in den kritischen Situationen besonders starke Emotionen. Dieses Gefühl ist dann so mächtig, dass er es nicht schafft, sich anders zu verhalten oder gar auf Kommandos zu reagieren.

① ▲ Planen Sie Spaziergänge möglichst vorausschauend, aber lassen Sie Ihre Sorge Ihren Hund nicht spüren. Sie gehen sonst mit ihm auf Problemsuche. Bleiben Sie möglichst entspannt und unberührt und nehmen Sie Ihren Hund immer frühzeitig an die Leine.

Möchten Sie etwas ändern, muss die Ursache herausgefunden und speziell auf Ihren Hund abgestellte Trainingsmaßnahmen zusammengestellt werden. Nur dann wird sich an dem Problem als solchem etwas ändern lassen. Ein gut funktionierender Rückruf, auch in den Problemsituationen, bringt in erster Linie mehr Freiheit für Ihren Hund. Nur, wenn Sie ihn im Zweifelsfalle zu sich beordern können, können Sie ihn auch mal ohne Leine laufen lassen. Denn Sicherheit ist für alle Beteiligten oberstes Gebot.

Mit Leine

Üben Sie unbedingt erst an der kurzen, später auch an der langen Leine. Denn Sie müssen vor allem in Anwesenheit des Auslösereizes für das Problemverhalten eine sichere Reaktion aufbauen, bevor Sie ohne Leine üben können.

Schwierigkeiten

Wählen Sie für die ersten Übungen ohne Leine vollständig sichere Situationen, damit das Training auf keinen Fall misslingt. Jedes Mal, wenn Ihr Hund das Problemverhalten zeigt, prägt es sich weiter in sein Gedächtnis ein. Rufen Sie zusätzlich vergeblich und haben das Pech, dass Ihr Hund das Rufen wahrgenommen hat, kann das Rückruf-Signal in den Problemsituationen sogar die Bedeutung eines Auslösers für das Problemverhalten bekommen. Vor dem gezielten Training muss der Hund natürlich in entspannter Atmosphäre einen zuverlässigen Rückruf erlernt haben. Nur dann können Ablenkungen eingeführt werden. Und der problemauslösende Reiz stellt natürlich die größte Ablenkung für Ihren Hund dar. Er muss im Training immer so schwach sein, dass Ihr Hund nicht darauf reagiert! Eine Abschwächung lässt sich zum Beispiel durch entsprechende Entfernung erreichen.

② ▲ Rufen Sie Ihren Hund Bruchteile einer Sekunde nachdem der problemauslösende Reiz aufgetreten ist. Belohnen Sie Ihren Hund überschwänglich für sein Kommen. Beobachten Sie ihn gut, ob er mit altgewohnter Begeisterung dabei ist. Denn es besteht eine besondere Gefahr, dass Ihr Hund eine empfundene Anspannung mit dem Rückruf oder mit Ihnen in Verbindung bringt! Sie würden in dem Fall Probleme schüren. Ist der Reiz jedoch schwach genug gewesen und hat Ihr Hund seine gewohnte freudige Reaktion gezeigt, sind Sie auf dem richtigen Weg. Sie können die Intensität des problemauslösenden Reizes sehr behutsam im Verlauf vieler Übungseinheiten steigern. Aber nur, wenn Ihr Hund begeistert bei der Sache ist! Denken Sie daran, Ihren Hund im täglichen Leben nur dann mit dem gut funktionierenden HIER zu rufen, wenn er den Ablenkungsgrad bereits bewältigen kann. Der Hund auf diesem Bild lernt das HIER, während ein Kleintraktor in der Nähe Gras mäht. Dieser ist aber weit genug entfernt, sodass der Hund das HIER entspannt befolgen kann.

Im Alltag

Spazierengehen

Man sieht das Bild vor sich: Ein Mensch und sein Hund laufen in Gedanken versunken durch eine idyllische Landschaft ... Ob oder wann die Verwirklichung dieses Bildes mit Ihrem Hund möglich ist, hängt von Ihnen und Ihrem Hund ab. Geht man selbstverständlich davon aus, dass der Hund nichts tut, was seinem Besitzer nicht recht wäre, oder dass er sich im Zweifelsfalle spontan abrufen lässt, wird man von vielen Hunden eines Besseren belehrt. Denn im Freien gibt es so viel, was Hunde interessiert und ihnen Spaß macht. Besonders aktive Hunde finden immer etwas Spannendes. Warum auch nicht eben Mal den Misthaufen von Bauer Krause durchsuchen? Wieso sich nicht im toten Fisch wälzen, wenn er doch verlockend in der Gegend herumliegt? Was spricht dagegen, hinter dem Reh herzusprinten? Uns Menschen fallen sofort diverse Gründe ein, aber aus Hundesicht sieht das anders aus. Der Hund tut aus seiner Sicht nichts Schlechtes. Vielmehr wirken solche Aktionen allein durch den Spaß, den der Hund dabei hat, selbstbelohnend. Wenn nun der Mensch sich immer nur meldet, um den Hund wieder vom nächsten Spaß abzuhalten, wird man als Partner leicht unglaubhaft. Der Hund versucht immer mehr, sich diesen störenden Eingriffen zu entziehen.

Aktiver

Gehen Sie die Sache genau andersherum an. Gestalten Sie die Spaziergänge mit Ihrem Hund zu schönen Erlebnissen. Ihr Hund muss draußen Spaß mit Ihnen zusammen haben! Und die Betonung liegt bei „mit Ihnen zusammen". Natürlich ist es schön, dem Hund beim Spielen zuzusehen. Er soll auch solche Möglichkeiten bekommen. Aber er muss immer wieder die Erfahrung machen, dass es unglaublich toll ist, etwas mit Ihnen zusammen zu machen und zu erleben. Was Sie machen, ist ganz den Vorlieben Ihres Hundes und Ihnen überlassen: Geschicklichkeitsübungen, verschiedenste Spiele, Signale trainieren ...

Beachten Sie Ihren Hund, bevor er sich alleine beschäftigt.

Initiative

Bevor Hunde sich Unarten angewöhnen, sind sie oftmals irgendwann mal artiger gewesen. Läuft der Besitzer allerdings nur „langweilig" durch die Gegend, greift der Hund allmählich zur Selbstinitiative. Hobbys, wie Jagen oder das Plündern von Komposthaufen, findet er bestimmt. Allerdings teilen die meisten Besitzer die Begeisterung ihres Hundes dafür nicht. Viele Hunde schauen sogar oftmals fragend zu Ihrem Besitzer oder kommen gar zu ihm. Wenn aber wieder und wieder keine Reaktion darauf kommt, beschäftigen Sie sich irgendwann eben alleine. Belohnen Sie Ihren Hund unbedingt, wenn er Sie anguckt. Sie fördern damit seine Rückorientierung zu Ihnen. Ein Hund, der sich an seinem Besitzer orientiert, ist viel leichter zu lenken, als einer, bei dem man ständig selber hinterher sein muss.

Anschauen

Üben Sie das Anschauen anfangs gezielt an der kurzen Leine. Bleiben Sie einfach stehen und warten Sie,

Loben und belohnen Sie Ihren Hund, wenn er Sie ansieht.

bis Ihr Hund sich nach Ihnen umsieht. Loben und Belohnen Sie ihn in diesem Moment und es geht wenige Schritte weiter. Bleiben Sie stehen und wiederholen Sie die Übung. Verfahren Sie so einige Male. Mit der Zeit wird Ihr Hund immer schneller schauen. Bleiben Sie für das Anschauen dann nicht mehr dauernd stehen, sondern belohnen Sie ihn beim Gehen, wenn er Sie ansieht. Üben Sie an einer immer längeren Leine und

führen Sie allmählich Ablenkungen ein. Bei jeder Neuerung müssen Sie allerdings anfangs wieder stehen bleiben, bis Ihr Hund schaut.

SMART

Gemeinsam

› **Achten Sie** draußen immer auf Ihren Hund und bemerken Sie ihn! Gehen Sie mit ihm zusammen spazieren und nicht jeder für sich.

Spazierengehen

Üben, üben, üben

Wenn Ihr Hund immer auf Ihre Signale reagieren soll, müssen Sie sie auch zu verschiedenen Zeiten und in unterschiedlichen Umgebungen üben. Genau genommen besteht der Alltag aus einer Reihe von Ablenkungen: Überall gibt es wechselnde Gerüche, Geräusche, Gegenstände, Bewegungen, Tiere, Menschen und das alles in verschiedensten Kombinationen und Ausprägungen. Das Befolgen von Signalen trotz verschiedenster Ablenkungen muss Ihr Hund Schritt für Schritt erlernen. Im täglichen Leben können Sie von ihm nur so viel verlangen, wie er bereits zuverlässig beherrscht. Geben Sie ihm wiederholt Signale, die er in dem entsprechenden Moment noch nicht ausführen kann, verschlechtern Sie Ihren Trainingserfolg oder machen ihn sogar zunichte. Rufen Sie beispielsweise häufig erfolglos HIER, wenn Ihr Hund zu anderen Hunden rennt, kann er sogar denken, dass HIER beim Erblicken anderer Hunde bedeutet „Geh spielen". Überlegen Sie also gut, welches Signal Sie von Ihrem Hund in welcher Situation verlangen und nehmen Sie ihn im Zweifelsfalle frühzeitig an die Leine.

Angeleint

An der Leine ist es in der Regel einfacher die Aufmerksamkeit des Hundes zu fesseln. Nutzen Sie unbedingt die Zeiten zum Üben, in denen Ihr Hund angeleint sein muss. Überlassen Sie ihn an der Leine immer sich selbst, übt er sich alleine zu beschäftigen. Die Leine hindert ihn lediglich daran, sich weiter von Ihnen zu entfernen. Dieser Effekt entfällt, wenn Sie die Leine lösen. Ist Ihr Hund zum Üben zu abgelenkt, versuchen Sie wenigstens immer mal ihn kurz auf sich zu konzentrieren. Sie können ihn dafür auch mit einem Spielzeug oder Futter locken.

Ablenkung

Im Alltag verfällt man leicht darauf, dem Hund irgendein Signal zu geben, ohne den Ablenkungsgrad zu berücksichtigen oder den Verlauf der Übung zu begleiten. Besonders oft passiert das, wenn man sich mit jemandem unterhält oder telefoniert. Die eigene Ablenkung führt dazu, dass der Hund lernt, sich in solchen Situationen selbst zu beschäftigen und dass Signale bedeutungslos sind. Mit Aufsässigkeit hat das Verhalten des Hundes also nichts zu tun.

Signale müssen in jeder Umgebung neu gefestigt werden.

Lieber öfter

Passen Sie Ablenkungen an den Trainingsstand des Hundes an.

Am besten ist es, wenn Sie möglichst oft mit Ihrem Hund kurz üben. Besonders erfolgreich werden Sie sein, wenn Sie es schaffen zu erahnen, welche Übung gerade am besten klappen könnte. Ständig gegen den Hund anzukämpfen, verleidet Ihrem Hund das Training. Achten Sie darauf, dass Sie Ihren Hund nicht mit endlosen Wiederholungen langweilen. Er sollte immer begeistert bei der Sache sein. Hören Sie freundlich auf, wenn es am besten klappt und achten Sie darauf, jede Übung mit dem Auflösesig-

nal zu beenden, bevor Ihr Hund von alleine geht. Je mehr Spaß und Konzentra-

tion Ihr Hund entwickelt, desto länger wird er trainieren können und wollen.

SMART

Aufgepasst

› **Passen Sie** vor allem aus dem Augenwinkel auf Ihren Hund auf, wenn Sie in eine Unterhaltung vertieft sind. Haben Sie ihm ein Kommando gegeben, achten Sie auch auf die Durchführung. Wenn Sie gerade nicht auf ihn aufpassen können, nehmen Sie ihn einfach nur an die Leine.

Sie können Situationen, in denen Sie normalerweise abgelenkt sind, gezielt üben. Tun Sie auf einem Spaziergang beispielsweise so, als ob Sie sich die Schuhe zubinden oder kramen Sie in Ihrem Portemonnaie und beobachten Sie dabei heimlich Ihren Hund. Schaut er zu Ihnen, loben und belohnen Sie ihn.

Unbeabsichtigtes Verleiden

Der Alltag bietet unzählige kleine Fallen, seinem Hund die Arbeit mit seinem Menschen und vor allem das Kommen und Sich-Anleinen-Lassen zu verleiden. Einer der häufigsten Fehler liegt darin, seinen Hund immer nur zu rufen, um ihn anzuleinen. Danach wird es langweilig und es geht nach

Hause. Der Hund durchschaut mit der Zeit diesen Ablauf und versucht das Ende des Spaßes zu vermeiden, indem er gar nicht erst kommt. Beugen Sie vor und rufen Sie Ihren Hund häufig zu etwas Schönem heran und schicken Sie ihn danach wieder weg. Auch gelegentliches Anleinen mit einem tollen Spiel mit Ihnen oder seiner Lieblingsübung zu verbinden, fördert eine positive Einstellung zur Leine.

Überflüssig

Ganze Dramen können sich beim Anleinen abspielen. Der Mensch ist völlig darauf konzentriert, den Haken der Leine in die Öse des Halsbandes zu bekommen. Dabei wird der Hund in Position gezogen, was unangenehm ist und sogar bedrohlich wirken kann. Auch plötzliches Greifen nach dem Hund ist sehr beliebt, bevor er einem wieder entwischt. Der Hund erschrickt sich, vielleicht tut man ihm sogar aus Versehen weh. Alles Erfahrungen, die eher dazu führen, diese unangenehme Prozedur zu meiden.

Die „Krönung" findet sich in herabrutschenden Taschen, gefährlich pendelnden Schlüsselbunden und wie kleine Geschosse baumelnden Karabinern, Pfeifen oder großzügigen Kettenanhängern. Man kann sich noch soviel Mühe mit Erziehung über positive Verstärkung geben, wenn man seinen Hund solch unkalkulierbaren Strafen aussetzt, wird er Meidereaktionen zeigen. Natürlich ist das nicht so gemeint, aber wenn Ihr Hund SITZ macht und Ihre Tasche fällt auf ihn, hat es den Effekt einer Strafe.

▸ **Körperlich empfindliche** Hunde reagieren besonders deutlich auf solche kleinen Unfälle. Auch gibt es Hunde, die extrem sensibel auf unsere oftmals unbeabsichtigt drohende Körpersprache reagieren, etwa sich leicht vorzubeugen. Generell treffen gut gemeintes Tätscheln auf den Kopf oder kameradschaftliches Klopfen bei Hunden nicht auf Gegenliebe. Kommen körperliche Empfindlichkeit und Sensibilität zusammen, muss man besonders in der Anleinsituation sehr bewusst vorgehen.

Vorsicht vor Schlüsseln und Taschen!

Fassen Sie das Halsband von unten, bleibt der Hund entspannt.

Meideverhalten

Hunde, die mal am Halsband festgehalten wurden, um bestraft zu werden, neigen zu Meideverhalten, wenn man nach ihnen greift. Denn alles, was sie aus solchen Erlebnissen mitnehmen, ist, dass es gefährlich sein kann, vom Menschen festgehalten zu werden. Noch fataler ist es, wenn Kommandos verwendet wurden, um überhaupt des Hundes habhaft zu werden, denn dann hat man sogar das Befolgen des Kommandos bestraft.

› **Tendiert Ihr** Hund dazu, sich Ihnen eher vorsichtig zu nähern, sollten Sie überlegen, was Ihren Hund dazu bewegen könnte. Überprüfen Sie mögliche Auslöser. Achten Sie beim Rufen, Trainieren und Anleinen auf eine lockere, aber gerade Haltung oder hocken Sie sich hin. Über ein gelegentliches Blickabwenden, können Sie freundlicher auf Ihren Hund wirken. ●

SMART **In Ruhe**

› **Wollen Sie** Ihren Hund anleinen, tun Sie es mit viel Ruhe und fassen Sie vorsichtig von unten an das Halsband Ihres Hundes. Nach dem Anleinen sollten Sie sofort etwas Tolles folgen lassen, was Ihr Hund besonders liebt, wie ein Spiel oder ein schmackhaftes Leckerchen. Überprüfen Sie auch noch mal den Sitz von Halsband oder Brustgeschirr. Könnte irgendwo etwas einschneiden oder scheuern?

HIER-Signal festigen

Durch stetiges, aber spannendes Training verschaffen Sie dem Rückruf Ihres Hundes eine solide Grundlage. Sie werden Ihren Hund immer häufiger erfolgreich rufen können und Ihr Hund wird immer begeisterter kommen.

Wegschicken

Haben Sie anfangs das selbstständige Kommen Ihres Hundes für eine Verknüpfung mit dem HIER genutzt, so führen Sie nun eine neue Übung ein. Kommt Ihr Hund von sich aus, loben Sie ihn kurz und schicken ihn mit VORAN weg.

Ist er einige Meter vorgelaufen, rufen Sie ihn und belohnen ihn natürlich überschwänglich für sein Kommen. Im späteren Training können Sie Ihren Hund sogar mal ganz übersehen, wenn er unaufgefordert kommt. In dem Moment, wo er resigniert geht, rufen Sie ihn. Welch ein Glück, er darf kommen!

Im richtigen Moment

Beginnen Sie Ihren Hund in Situationen zu rufen, in denen er vor Ihnen herläuft. Sprechen Sie ihn anfangs zur Sicherheit mit dem Namen an. Das sollten Sie immer machen, wenn Sie sich nicht sicher sind, ob er reagieren wird. Haben Sie sich einmal verschätzt, haben Sie zwei Möglichkeiten. Entweder Ihr Hund hat das Rufen nicht mitbekommen oder Sie schaffen es, Ihren Hund irgendwie, wie durch Wegrennen, zum Kommen zu bewegen. Festigen Sie nach einem solchen Missgeschick auf jeden Fall den Rückruf mit den Übungen, die bei Ihrem Hund immer am besten klappen. Je seltener Ihnen Missgeschicke

Reagiert Ihr Hund auf seinen Namen, rufen Sie ihn mit HIER.

passieren, desto besser ist es natürlich. Greifen Sie immer wieder auch auf das Wegrennen zurück, vor allem in schwierigen Situationen oder wenn Ihr Hund zum Beispiel nicht prompt und schnell reagiert.

Versuchen Sie immer mehr Situationen abzuschätzen, in denen Ihr Hund auf den Rückruf reagieren wird. Tasten Sie sich an Ablenkungen sozusagen von hinten und vorne heran. Rufen Sie ihn, wenn er etwas Interessantes beendet hat, wie einen anderen Hund begrüßen oder irgendwo schnüffeln. Schwieriger sind die Momente abzuschätzen, in denen Ihr Hund im Begriff ist, etwas Interes-

Dieser Hund möchte gerne kommen!

santes zu beginnen. Erblickt er einen Hund, rufen Sie ihn, falls die Entfernung noch groß genug ist, belohnen ihn und schicken ihn dann zu dem ersehnten Sozialkontakt. Am schwierigsten sind die Situationen, in denen Ihr Hund mit etwas Wichtigem beschäftigt ist. Hier gilt es, die Momente zu erkennen, in denen Ihr Hund inne hält und ansprechbar ist.

Gut erzogen

Mit der Zeit wird es für Außenstehende so aussehen, als ob Ihr Hund super gehorcht, obwohl Sie selber den Eindruck haben, dass Sie ihn nur rufen, wenn er sowieso käme. Aber genau darin liegt der Erfolg eines guten Rückrufs. Dass man keinen Machtkampf aus dem Kommen macht, sondern der Hund es selber möchte. Und die Situationen, in denen es klappt, werden immer zahlreicher. Irgendwann werden Sie merken, dass es kaum noch Situationen gibt, in denen Sie zweifeln, ob Ihr Hund gehorchen wird. Auch Ihrem Hund geht das Rückrufsignal so in „Fleisch und Blut" über, dass er irgendwann nicht mehr darüber nachdenkt, sondern einfach kommt. ●

Spannend

› **Erhöhen Sie** Ihre Glaubhaftigkeit, indem Sie Ihren Hund heranrufen, um ihm etwas zu zeigen, das ihm wichtig ist. Buddelt Ihr Hund besonders gern, zeigen Sie ihm zur Belohnung eine tolle Buddelstelle. Sie sehen in der Ferne einen Spielkumpel kommen? Rufen Sie Ihren Hund heran und gehen Sie mit ihm zu diesem hin.

Veränderungen im Hundeleben

Das Verhalten von Hunden verändert sich in verschiedenen Lebensabschnitten. Als Welpe sind alle gut sozialisierten Hunde für das Üben mit dem Menschen zu begeistern. Erste Signale klappen im Ansatz sehr gut, sodass die Anforderungen häufig zu schnell gesteigert und Belohnungen abgebaut werden. Ab vier Monaten jedoch werden die Hunde zunehmend selbstständiger und Nachlässigkeiten im Aufrechterhalten der Begeisterungsfähigkeit der Hunde beginnen sich bemerkbar zu machen. Mit dem Erreichen der Pubertät, je nach Rasse

cirka zwischen sechs und zwölf Monaten, hat sich der Welpe zu einem aktiven Halbstarken gemausert, dem andere Hunde extrem wichtig sind.

Viele Hunde beginnen deutlicher zwischen Bekanntem und Unbekanntem zu unterscheiden und ein Interesse am Jagen kann aufblühen. Alle diese Veränderungen beschäftigen die Hunde stark. Sie lassen sich schneller als gewohnt ablenken und manch ein Hundebesitzer ist verzweifelt. Beziehen Sie jedoch den Entwicklungsschub Ihres Hundes nicht auf sich. Bleiben Sie in dieser

Zeit eine souveräne Führungspersönlichkeit. Fördern und belohnen Sie Ihren Hund wieder für kleinste Trainingsschritte, um seinem Ablenkungsgrad gerecht zu werden.

Schmerzen?

Ist Ihr Hund ruhiger als sonst, ängstlicher, leicht reizbar oder gar aggressiv? Dann sollten Sie auch an körperliche Ursachen denken. Das kann eine schmerzhafte Muskelverspannung sein, Gelenkprobleme oder sonst irgendein unangenehmer oder schmerzhafter Prozess. Nur weil ein Hund nicht jammert oder deutlich lahmt, heißt das nicht, dass es ihm gut geht. Es gibt viele Hunde, denen man es nicht ohne weiteres ansieht, dass sie ein Problem haben. Schnell wird ihnen dann Aufsässigkeit nachgesagt oder sie werden als Problemhund abgestempelt.

Stress

Auch andere Stressfaktoren beeinflussen den Hund. Das können Veränderungen im

Phasen im Leben eines Hundes

Welpen: die ersten drei bis max. vier Lebensmonate.

Junghunde: zwischen Welpenzeit und Pubertät.

Junge erwachsene Hunde: ab der Pubertät mit ca. 6 bis 12 Monaten.

Erwachsene Hunde: voll ausgereift sind Hunde mit dem Erlangen der sozialen Reife – je nach Rasse – im Alter zwischen 1 ½ und 3 Jahren.

Alte Hunde: ca. ab dem achten Lebensjahr.

Alte Hunde haben ihren eigenen, ganz besonderen Charme.

Umfeld oder Tagesablauf sein. Nicht zuletzt wirkt ein gestresster Besitzer nicht positiv auf seinen Hund. Überprüfen Sie kritisch die Lebensbedingungen Ihres Hundes und versuchen Sie seinen Bedürfnissen an Bewegung, Beschäftigung und Sozialkontakten gerecht zu werden.

Das Alter

Individuell verschieden stellen sich Alterungsprozesse ein. Sie werden von vielen Besitzern nicht wahrgenommen, da sie sich allmählich

SMART

Routine

› **Hat sich alles** eingespielt, wird man gerne etwas nachlässiger und wundert sich irgendwann, dass die mühevoll aufgebauten Signale schlechter funktionieren. Frischen Sie die Übungen auf und beobachten Sie zunächst sich selbst, ob Sie etwas anders machen.

an die Veränderungen gewöhnen. Es ist schwer sich vorzustellen, dass die Denkleistungen des Hundes nach-

lassen. Mit dem Beginn von alterungsbedingten Verhaltensänderungen können Sie ab einem Alter von ca. acht Jahren rechnen. Erst im Verlauf einiger Jahre entwickelt sich Senilität. Auch das Hör-, Seh- oder Geruchsvermögen kann nachlassen. So können schlechtere Reaktionen auf Signale auftreten und alte oder neue Unarten oder Probleme auftauchen.

Seien Sie geduldig mit Ihrem Hundesenior. Trainieren Sie seine geistige Fitness und lassen Sie regelmäßig seinen Gesundheitszustand überprüfen. Und ärgern Sie sich nicht über ihn, sondern genießen Sie die gemeinsame Zeit. ●

Hunde-
begegnungen

Auf Spaziergängen trifft man regelmäßig auf andere Hunde. Eine angenehme Begegnung ist abhängig von der sozialen Kompetenz der Hunde und menschlicher Rücksichtnahme.

Kommt Ihnen jemand mit einem unangeleinten Hund entspannt entgegen, lassen Sie Ihren Hund laufen, wenn er freundlich gesonnen ist. Wird der entgegenkommende Hund angeleint, tun Sie es mit Ihrem auch. Vielleicht hat der andere Hund ein Problem mit anderen Hunden oder ist krank. Viele Hunde haben schmerzhafte Gelenkprobleme, sodass für sie jede Spielaufforderung ein Horrortrip ist. Später können Sie immer noch klären, ob ein Kontakt erwünscht ist.

Einfach weiter

Treffen Hunde aufeinander, entzerren Sie eine gespannte Situation am besten, wenn Sie möglichst zügig und locker weitergehen. Rufen Sie Ihren Hund nicht, denn das könnte ihn in eine unangemessene soziale Lage bringen. Durch abwartendes Stehenbleiben könnten Sie den Beginn einer Keilerei fördern. Prügeln sich die Hunde dennoch, hören Sie am ehesten auf, wenn sich beide Besitzer in entgegengesetzte Richtungen entfernen.

◄ **Geht Ihr Hund** sehr angespannt auf andere Hunde zu, kann das wie eine Drohung wirken. Skepsis und Spannung steigen auf beiden Seiten und können zu Problemen führen. Straff gehaltene Leinen unterstützen das noch. Beugen Sie vor: Kommt Ihnen ein Hund entgegen, ① locken Sie anfangs Ihren Hund mit einem Leckerchen in eine seitliche Kopfbewegung. Wendet er später seinen Kopf von alleine ab, wird er dafür belohnt. Das Kopfabwenden wirkt als Beschwichtigungsgeste und entspannt beide Hunde gleichermaßen. Der Golden Retriever auf dem Bild reagiert mit Beschwichtigung auf die gespannte Annäherung des anderen Hundes.

Sind die Größenverhältnisse der Hunde extrem unterschiedlich, ist es sicherer, den größeren kommentarlos und ruhig vom kleineren sanft „abzupflücken". Nur wenn beide Besitzer in der Lage sind, Ihre Hunde abzurufen, ist das eine Option.

Schwierigkeiten

Beginnt Ihr Hund regelmäßig Keilereien, gehen Sie mit fachlicher Hilfe dem Problem auf den Grund. Hunde klären nicht alles untereinander. Es ist ein traumatisches Erlebnis für einen anderen Hund, von einem fremden angegriffen und

verprügelt oder gar gebissen zu werden. Zufallsbegegnungen lassen sich nicht mit Kontakten unter bekannten Hunden vergleichen. Hier läuft lediglich ein erstes Einschätzen ab. Ein Hund, der einen anderen sofort unterbuttert, verfügt nicht über die nötige soziale Souveränität, um die Begegnung nach höflichen Umgangsregeln zu gestalten.

Jedem Halter sollte auch der Schutz des anderen Hundes am Herzen liegen. Besonders wenn mehr als zwei Hunde zusammen sind, entwickeln sich schnell Situationen, bei denen einer der Leidtragende ist. Dann sollten alle

2 ▲ **Entwickelt sich** unter Hunden ein Spiel, achten Sie darauf, ob das Spiel auf Dauer für alle ein Spiel bleibt. Es kann sein, dass dem einen der Spielstil des anderen doch zu viel wird. Der gröbere Hund sollte dann abgerufen werden. Machen Sie im Zweifelsfalle den Test, ob der „gerettete" Hund sofort mit dem „Grobian" weiterspielen möchte. Wirkt er hingegen erleichtert, sollte man die Begegnung eher beenden.

ihn umkreisenden oder hinter ihm herlaufenden Hunde abgerufen werden. Als Opfer dieser Situation kann er selber nichts an dem Zustand ändern.

Infoecke

Literatur

▸ **del Amo, Celina; Jones-Baade, Renate; Mahnke, Karina:** Der Hunde-Führerschein. Sachkunde – Basiswissen und Fragekatalog. Verlag Eugen Ulmer, Stuttgart 2006.

▸ **del Amo, Celina; Kothe, Dieter:** Hundeschule. Step by Step zum folgsamen Familienhund. Verlag Eugen Ulmer, Stuttgart 2007.

▸ **del Amo, Celina:** Welpenschule. Verlag Eugen Ulmer, Stuttgart 2006.

▸ **del Amo, Celina:** Trainingskarten für Welpen. Verlag Eugen Ulmer, Stuttgart 2006.

▸ **del Amo, Celina:** Probleme mit dem Hund. Mit 13 Trainingsprogrammen. Verlag Eugen Ulmer, Stuttgart 2007.

▸ **del Amo, Celina:** Spiel- und Spaßschule für Hunde. Verlag Eugen Ulmer, Stuttgart 2006.

▸ **Ohl, Frauke:** Körpersprache des Hundes. Verlag Eugen Ulmer, Stuttgart 2006.

▸ **Schaal, Monika; Thumm, Ursula:** Abwechslung im Hundetraining. Verlag Eugen Ulmer, Stuttgart 1999.

Making of

▸ **Karina Mahnke** ist Tierärztin mit Zusatzbezeichnung Verhaltenstherapie. Sie ist mit Seminaren und Vorträgen in der Aus- und Weiterbildung von Tierärzten, Tierarzthelferinnen, Hundetrainern und -haltern tätig. Zusammen mit Celina del Amo führt sie eine Tierärztliche Gemeinschaftspraxis, in der ausschließlich Verhaltensprobleme behandelt werden. Darüber hinaus ist sie Mitinhaberin der Hundeschule Knochenarbeit.

Adressen

▸ **Berufsverband der Hundeerzieher/innen und Verhaltensberater/innen e.V. (BHV)**
Eppsteiner Straße 75
65719 Hofheim
Tel.: 06192-9581136

▸ **Gesellschaft für Tierverhaltenstherapie e.V. (GTVT)**
Am Kellerberg 18 a
84175 Gerzen
Tel.: 08744-1750

▸ **Hundeschule Knochenarbeit**
Linienstraße 72
40227 Düsseldorf
Tel.: 0211-9179272

▸ **Verband für das Deutsche Hundewesen e.V. (VDH)**
Westfalendamm 174
44141 Dortmund
Tel.: 0231-56500-0

Bildquellen

Bildagentur Waldhäusl/
Panthermedia: Einband-
rückseite links, 46/47
Bildagentur Waldhäusl/
Panthermedia/Daniel
Hohlfeld: Einbandrück-
seite rechts
Czolgoczewski, Martina:
S. 35 oben
Hempfling, Annette: S. 2/3,
11, 14, 17, 21, 30, 40, 55,
58, 59
ImagePoint: Titelbild

JUNIORS/Juniors Tierbild-
archiv: S. 22, 24/25, 64
Klein, J.L. & Hubert, M.L.:
S. 34
Kothe, Dieter: S. 7, 8, 9, 10,
13, 15, 16, 19, 23, 27, 31,
36, 37, 38, 39, 42, 48, 49,
51, 65
Mahnke, Karina: S. 4/5,
28, 29, 32, 33, 35 unten,
43, 44, 45, 52, 53, 54, 57
Schmidt-Röger, Heike: S. 50
Streitferd, Horst: S. 41

Impressum

**Bibliografische Information
der Deutschen Bibliothek**
Die Deutsche Bibliothek
verzeichnet diese Publi-
kation in der Deutschen
Nationalbibliografie;
detaillierte bibliografische
Daten sind im Internet
über http://dnb.d-nb.de
abrufbar.

© 2008 Eugen Ulmer KG
Wollgrasweg 41, 70599
Stuttgart (Hohenheim)
E-Mail: info@ulmer.de
Internet: www.ulmer.de
Lektorat: Oliver Schwarz
**Umschlag- und Innengestal-
tung:** X-Design, München
DTP: juhu media,
Susanne Dölz, Bad Vilbel
Druck und Bindung:
Litotipografia-editrice
Alcione, Trento
Printed in Italy

ISBN 978-3-8001-5445-6

Infoecke

Internetadressen

▸ www.gtvt.de
Gesellschaft für Tierverhaltenstherapie e.V.
▸ www.hundeschule.de
Berufsverband der Hunde-
erzieher/innen und Verhal-
tensberater/innen e.V.

▸ www.hundeschule-
knochenarbeit-online.de
Hundeschule Knochen-
arbeit, Düsseldorf
▸ www.vdh.de
Verband für das deutsche
Hundewesen e.V.

(Hinweis: Die Autorin und der Verlag sind nicht für den
Inhalt von Links verantwortlich.)

Haftung

Register

Foto: pixelio

Richtige Haltung

Glücklicher Hund.

Das 10-Punkte-Programm für
Gesundheit und Wohlbefinden. Nadja
Kneissler. 2007. 112 S., 90 Farbf.,
27 Farbzeichn., 12 s/w-Zeichn., geb.
ISBN 978-3-8001-5390-9.

Hunde wirklich verstehen.

Logisch – einfach – klar. Frauke Ohl.
2006. 64 S., 60 Farbf., 10 sw-Abb., kart.
ISBN 978-3-8001-4966-7

Ganz nah dran.

Kluge Tipps für SMART-KIDS
Schlaue Extras

Wenn der Hund nicht „gehorcht" kann das viele Gründe haben.

Vielleicht gibst Du mit Deinem Körper andere Signale als mit Deiner Stimme, das kann einen Hund verwirren. Vielleicht sagst Du zum Beispiel STEH, machst aber gleichzeitig eine Handbewegung nach oben, die Dein Hund mit der Aufforderung zum Hinsetzen verbindet? Finde heraus, auf was Dein Hund reagiert.